高等院校“十三五”应用型艺术设计教育系列规划教材

产品形态语义设计

主　编　王振伟　高元华
副主编　龚怡慧　魏文静

合肥工業大學出版社

图书在版编目（CIP）数据

产品形态语义设计/王振伟等主编. —合肥：合肥工业大学出版社，2019.1（2024.1重印）
ISBN 978-7-5650-4392-5

Ⅰ.①产… Ⅱ.①王… Ⅲ.①产品设计 Ⅳ.①TB472

中国版本图书馆CIP数据核字（2019）第012368号

产品形态语义设计

王振伟 高元华 主编　　　　责任编辑 王 磊

出 版	合肥工业大学出版社	**版 次**	2019年1月第1版
地 址	合肥市屯溪路193号	**印 次**	2024年1月第2次印刷
邮 编	230009	**开 本**	889毫米×1194毫米 1/16
电 话	党政办公室：0551-62903078	**印 张**	7.75
	营销与储运管理中心：0551-62903198	**字 数**	246千字
网 址	press.hfut.edu.cn	**印 刷**	安徽联众印刷有限公司
E-mail	hfutpress@163.com	**发 行**	全国新华书店

ISBN 978-7-5650-4392-5　　　　定价：55.00元

前言

随着社会的高速发展，创新驱动已经成了国家的发展战略。产品设计是设计创新的重要组成部分，它作为科学技术与艺术交叉融合的学科，侧重于人与物之间的关系，即倾向于满足人们的直接需要和产品能安全生产、易于使用、降低成本以及合乎需要的方法上，从而能使产品造型、功能、结构和材料协调统一，成为完善的整体。它不仅满足使用需求，也能提供文化审美营养。在我国高等院校产品设计教育中，面对市场产品设计人才急缺的现状，各高校如同雨后春笋一般开办产品设计专业。本书的编写，是为了促进国内产品设计专业高等教育的发展，满足现阶段对于教学用书的迫切需求，以缓解目前产品设计教材相对缺乏的现状。

本书共分为八章：第一章是产品形态语义设计概述，讲述了产品语义学的概念、兴起的原因和社会作用；第二章讲述产品符号学，介绍符号学，讲述产品设计与符号的关系；第三章详细介绍产品形态语义传达的相关要素，重点讲述视觉语言的传达形式、形态符号语义的信息内涵、形态语义设计的编码与解码、形态设计语义的审美意趣；第四章介绍了产品形态语义的构成，让读者掌握外延性语义和内涵性语义以及产品形态对人心理产生的影响；第五章，从产品的功能性、象征性、趣味性、关怀性和文化性的角度阐述了产品形态语义的特征；第六章讲述了产品形态语义设计的程序和采用的方法；第七章讲述信息化时代的产品形态语义设计特征和发展趋势；第八章为产品形态语义设计相关案例解析。

本书由湖北工程学院美术与设计学院玩具设计专业教师王振伟、龚怡慧两位教师负责编写，王振伟负责第一章、第三章和第五章至第八章的编写。龚怡慧老师负责第二章、第四章的编写，全书由王振伟负责统稿。

本书为湖北工程学院教材研究项目，受到了湖北工程学院教务处和美术与设计学院的大力支持。由于编者水平有限，书中内容难免会出现错误，希望广大读者能够谅解。书中使用的图片部分来自互联网，由于无法联系作者，故没有署名，再次向图片的作者表示感谢。编写本书还有一个目的是抛砖引玉，让更多的专家学者参与到产品设计相关书籍的编写工作中来，为我国的产品设计教育事业献力献策！

王振伟

2019年1月

目录

1 第一章　产品形态语义设计概述

本章重点介绍产品语义学的概念，让学生简单了解产品语义学兴起的背景以及原因，对自然形态和人工形态进行区分，并了解自然形态在仿生设计中的应用，通过对形态中的点、线、面、体有概念上的了解来认识到形态的美感，理解学习产品语义学的目的和意义。

第一节　产品语义学概述

一、语义学概念

“产品语义学”是在20世纪80年代美国工业设计协会所举行的“产品语义论”研究会中提出，从1950年德国乌鲁姆造型大学提出的“设计符号论”中发展而来的。在各地学者和企业设计师的大力推动下，在20世纪80年代中期逐渐成为遍及全世界的设计潮流，给当时的现代主义设计带来了新的灵感，深刻地影响了当代产品设计的发展。

语义，顾名思义是语言的意义，产品语义学的主要研究对象为人造物。“即产品在使用环境中的象征特征，并将其知识应用于工业设计上。这不仅是指物理性、生理性的功能，而且也包括心理、社会、文化等被称为象征环境的方面。”形态设计语义学实际上是借用了语言学的概念。从设计学的角度来看，设计语义学的主要研究对象是视觉形态、图像与识别，即象形符号语言的意义。1984年，克劳斯·克里彭多夫和雷恩哈特·布特给出了产品语义学的定义，即：“一门研究造型在使用时的社会与认知情境下的象征意义，以及如何应用在工业设计上的学问”。(图1-1)

图1—1　产品语义学研究关系图

产品语义学突破了传统设计理论将人的因素都归入人机工程学的简单作法，扩宽了人机工程学的范畴；突破了传统人机工程学仅对人的物理及生理机能进行考虑，将设计因素深入人的心理、精神之中。随着社会的发展与进步、物质的极大丰富、消费层次进一步细化，人们对产品的精神功能需求不断提高，产品造型除表达其功能性目的以外，还要透过其语义特征来传达产品的文化内涵，体现特定社会的时代感和价值取向。正如法国著名符号学家皮埃尔·杰罗所说的，在很多情况下，人们并不是购买具体的物品，而是在寻求潮流、青春和成功的象征。

二、产品语义学兴起的背景

（一）科学技术的飞速发展

20世纪初，现代主义设计运动在世界范围内蓬勃兴起。这是一场真正的设计上的革命，通过这个运动，设计才第一次成为为大众服务的，为大工业化、批量化生产服务的活动。现代主义设计运动在整个欧洲发展得如火如荼之际，德国成立了第一所具有划时代意义的现代工业设计教育机构——包豪斯，在设计理论上，包豪斯提出了三个基本观点：①艺术与技术的新统一；②设计的目的是人而不是产品；③设计必须遵循自然与客观的法则来进行。这些观点对于工业设计的发展起到了积极的作用，使工业设计真正成了一门独立的学科，它强调“形式服从功能”的设计原则，追求材料的表现新形式，讲究功能的突出。

“二战”期间，世界经济受到沉重打击，尤其是在工业设计兴起的欧洲表现较为明显，工业设计几乎停顿。美国通过马歇尔计划等方式扶植欧洲，使欧洲在50年代开始慢慢恢复了战前的活力，到了60年代进入战后发展的全盛时期，尤其是计算机技术和航空航天技术得到空前的发展，在原有的材料、能源不能满足人们的需求的情况下，新材料、新能源的开发也得到了人们的重视，极大地改变了传统工业的面貌，工作效率得到了空前提高。从70年代末开始，以自动化、智能化、信息化为特征的新技术革命开始发展。电子技术使产品向微型化、集成电路化发展，大量采用新一代大规模集成电路晶片的电子产品涌现。工业产品原有的形态与功能的联系受到削弱，电子产品的形态不像机械产品那样能明确表达结构和功能，出现了“黑箱化”和“均一化”现象。

进入21世纪以后，先进的技术手段使当代设计师可以较为轻松地把创造出来的产品付诸机器化的批量生产，而原来的大批量生产转变为多品种小批量生产。技术的发展使各企业生产的产品在功能和性能上的差距大大缩小，利用外观上的差异进行市场竞争成为重要的手段。

新技术出现以前的理性与科学精神以及前两次工业革命对现代主义机器美学的建立起到了重大的影响，而新技术革命则推动了设计哲学与审美观的演变。科学技术的发展是设计美学和审美观发生变化的直接动力，产品语义学就是在这些变化中不断地得到发展。

（二）经济的飞速发展

“二战”以后，科技革命极大地推动了世界经济的发展，人们的生活水平不断地得到提高，人们的消费结构发生了根本性的变化，开始由“功能追求”向“精神追求”转变。60年代开始，西方发达国家的价值观念、审美观等发生了巨大变化，以标准化、大批量、定型化为特征的单一性产品消费的时代逐渐消失。他们开始追求变化与新鲜，讲究实用，渴望有文化意味、艺术情趣的后工业产品。从以高耗能、形式追随功能的产品设计向低耗能、技术密集型、附加价值大的产品转变，实现了产品由“量”向

“质”的转变。信息价值观的兴起得益于科学技术及经济结构的软化。1983年，美国著名的企业家约翰·霍肯在《下一个经济》一书中提出两个重要观点：一是物质经济是工业化时期的经济，它发展的基础是以大量的能源、资源的消耗以及物质的大量使用为代价，主要特征是生产的机械化。现如今，信息经济将逐渐取代物质经济的主导地位。二是信息社会是以减少生产过程中资源、能源的消耗为目标，提高物质中信息含量的比重，实现智能化。它的主要特征是在生产和使用过程中，信息比重增加，而物质比重降低。如果说企业在工业化时代竞争中获利的关键是批量化、标准化和经济实用性等，那么在信息化的今天，获胜的关键是商品的多样化、特殊性、智能化等。信息化社会，人们更多追求心理方面的需求，渴望了解信息的价值，而不是单纯的物质价值。信息化社会，信息传递的载体就是产品，设计师称之为“符号”。因此，语意学、符号学、语言哲学被大量地引入设计领域。

（三）设计文化的探求

在现代主义设计的发展过程中，人机工程学、材料力学、设计生态学、环境心理学、市场学、销售学等几门新兴学科得到了前所未有的重视和发展，作为新兴学科，可供人们探索的领域自然是相当广阔的，工业设计作为一门有限科学，它的规律性也很快被人们所掌握，工业设计在功能、结构方面的一系列法则、规则和学问，已经基本上为人们所熟知，理性的合理要求几乎被设计师们发掘和利用殆尽，迫使人们在设计上寻找新的语言。

而产品设计的方法、程序、市场研究、计划等日趋完善，并且都变成标准化的程式，导致了世界各国在设计风格上日趋一致，产品设计产生了相似倾向，出现了设计上的雷同，因此设计文化的确认再次引起讨论和国际性的关注。随着现代主义设计越过在美国发展，从而形成了轰轰烈烈的“国际现代主义”，“功能第一”“结构第一”的设计观念造成几何化风格在全世界迅速流行，产品设计趋于单调、简单、冷漠、严谨而缺乏人情味，原来变化多端、多种多样的各国设计风格被单一的国际现代主义风格取而代之。

后来随着智能型电子计算机技术的发展，使设计步入电脑化时代。电脑作为人脑的扩展和延伸，使设计的工作效率大大增加，设计的优选率超过了人工时代，产品外观的更新更是迅速而且多样，然而，虽然作为纯技术状态的工业力量的发展可以是无国界的，但是工业力量一旦结合意识形态，便不再可能“国际一律”。因为人们不能忍受没有精神内涵的生活，而精神特征总是和具体的文化历史传统相关联的。人们开始迫切希望传统文化与技术文化能够共生互补、正视传统文化与技术文化的同等地位，并从“生命造型的意义”寻求文化重建的典型。

当前的全球产品设计无论是技术层面、产品外观层面还是文化、精神内涵的意蕴层面，都已发生了根本性的变革。这种变革是产品设计适应全球化、多元化、差异化的后工业设计文化需求以及消费经济对利基市场利益追逐需求的产物。它与工业时代的设计有一个共同点，都建立在工业生产和消费文化的基础之上。与工业时代相比，后工业设计凭借着与强大的现代媒体的“合谋”，最大限度地调动起了时尚、符号、艺术和审美等元素，最大限度地对产品进行“包装”和广告宣传，以前所未有的力度对大众消费时尚和消费趣味进行诱导，不断地刺激大众消费欲望，培育和开发潜在的消费市场，寻求新的“经济增长点”，企图拉动经济的“持续增长”。

随着上述几个方面日新月异地不断发展，产品形态设计不仅要对人的物理与生理机能进行考虑，更应深入人的心理、精神因素，要求寻求心理、社会、环境、文化的脉络，赋予象征的特性，产品语义学的兴起也就顺理成章了。

第二节 形态概述

一、形态的概念

所谓“形”通常是指一个物体的外形和形状。例如我常说的圆形、三角形、正方形等形状。而“态”则是指蕴含在物体内的“神态”。形态是指外形与神态结合。世界是由物质构成的，物质以各种各样的形态来呈现，自然界各种有机的、无机的物体都以各自的形态存在着，不同的形态给我们的感官以不同感受，作为人造物的产品也是如此。产品形态是指通过设计、制造来满足顾客需求，最终呈现在顾客面前的产品状况，它包括：产品传达的意识形态（精神属性），视觉形态（包装属性）和应用形态（使用属性）。

产品的形态是产品物质功能与精神功能的载体，产品以不同的形态出现给消费者带来不同的感官刺激，或是视觉上的，或是听觉上的，或是触觉上的。由此可见，产品的形态设计就显得尤为重要，作为设计师就是要充分挖掘使用者各种感官上的需求，创造出符合人们生理和心理认知的产品。然而产品的形态又分为“形”与“态”两个部分，对这两个部分加以研究能更好地创造出符合人们各种需求的产品。

二、形态构成

产品形态构成不仅包括点、线、面、体等基本要素，还包括形态涉及的自然、科技、人文等多方面的因素。符合美学规律的产品很多，而产品是要为企业创造效益、满足用户使用需求和情感需求、改善生活环境和生活质量、促进经济发展等，从这个角度来看，产品形态构成处在一个系统之中并能满足多方面需求。

（一）自然形态

自然形态是相对于人工形态而言的，顾名思义是指在无人为因素下呈现出的可视、可听、可触的样子。如一片树叶、一只蝴蝶、一座山峰、一片树林、一座湖泊、一只飞禽、一只走兽等。一望无际的大沙漠、庄严巍峨的珠穆朗玛峰、奇异幻彩的海底世界等（图1－2至图1－5），神奇自然给予了我们太多的惊喜。我们能够感知的自然仅是冰山一角，它带给我们无限的遐想与回味。

图1—2 树叶

图1—3　蝴蝶

图1—4　山峰

图1—5　飞禽

在神奇的自然景观中也蕴含了人类视觉形式的所有要素，诸如对称与均衡、节奏与韵律、对比与调和等，这些形式美感激起了人们对自然形态的设计应用，概括地讲人们对自然形态的应用有以下几种基本方法：

（1）具象形态仿生设计法

具象形态仿生设计法就是按照客观物象的原始构造、面貌进行写实表现的方法，设计的形态与实际形态比较接近，通过设计的造型能够反映原物象的细节或者原物象典型性。具象形态仿生设计法可以通过整体形态仿生和局部形态仿生两种形式体现。整体形态仿生以“小羊童车”为例（图1-6），它直接采用小羊的整体形态作为童车的整体造型，小羊有四条腿，而小羊童车也设计为四个小轮，其目的就是让童车的整体造型和小羊的身体特征有机结合。局部形态仿生以“小狗童车为例（图1-7），这款童车的前头造型是不加修饰直接采用小狗的头部形态来进行表现，虽然只是采用了原物象的部分，但是它把小狗的典型特征巧妙地结合到了童车的整体造型中。由此可见，具象形态仿生明显具有一定的“原始”成分，它能够比较直观地呈现出仿生物的形态特征，这种形态仿生法的优势是仿生形态容易被使用者所感知，具有较好的情趣感、亲和力和自然性。

图1—6　小羊童车

图1—7　小狗童车

（2）抽象形态仿生设计法

抽象形态仿生设计法是根据物象的原形进行归纳、提炼并进行创造的形态设计方法。它不是直接对物象的形态进行模仿，而是追求和原物象的神似，受众可能无法直接辨清原始的形象及意义。在运用抽象形态仿生法进行造型设计时要从具体自然物出发，经过反复推敲来剔除物象的细节，概括直至抽象其原形，然后再从整体上来反映物象独特的本质内涵和特征，从而达到源于具象又超越于具象的效果。例如图1－8所示的这款“糖果”童车就是如此，从外观上来看它并不像一个糖果，但是从色彩上来看则展示出了缤纷的糖果色，从童车的局部来分析，你就会感受到糖果的“甜蜜”，充分展现出了可爱的韵味，自然会受到儿童的追捧。

图1—8　“糖果”童车

（3）象征形态仿生设计法

象征形态仿生设计法是指借助于某一具体事物的外在特征，运用比喻、象征等手法，把有关自然物的属性通过产品的形态表现出来。这种表现手法设计的产品形态往往能够寄寓人本身某种深邃的思想或者是某种特殊意义。从表面上来看象征的本体意义和象征意义两者之间本来没有必然的联系，可是一旦通过设计者对本体事物特征的描绘，就会使受众产生由此及彼、由表及里的想象，从而达到领悟其含义的目的。比如我们所熟知的花卉，牡丹，雍容大度，花开富贵，是吉祥富贵的象征；菊花，象征着高尚与纯洁；梅花，“一朵忽先变，百花皆后香”，则体现了它不怕打击、不怕挫折，敢为天下先的坚强品质。我们在做童车设计时运用象征、比喻等手法，用有关物象的属性，来表现产品的某些特性。如果运用这种方法，就要求设计师要具有深刻的洞察力和敏锐的感悟力，必须通过产品和物象的类比，来找出物象与童车产品之间的内在关系。通过这种方法设计的童车会使设计有耳目一新、回味无穷的感受。例如图1－9所示的“犀牛勇士电动童车”，从这款电动童车的造型来看我们并不能直观地分辨出它是以何种动物为仿生原形来设计的，但是我们能够感知到它的力量很大，非常勇敢，就像动物中的一个勇士，让儿童在乘坐的过程中来体会英雄般的感觉。

图1—9　“犀牛勇士”电动童车

（二）人工形态

人工形态，是指人类有意识地从事视觉要素之间的组合或构成活动所产生的形态。它是人类有意识、有目的的活动创造的结果。如建筑物、汽车、轮船、桌椅、服装及雕塑等。其中建筑、汽车、轮船等是从实用的功能来设计其形态的，而雕塑则是一种将形态本身作为欣赏对象的纯艺术形态。这就使人工形态根据其使用目的的不同，有了不同的要求。

人工形态根据造型特征可分为具象形态与抽象形态。具象形态是依照客观物象的本来面貌构造的写实，其形态与实际形态相近，反映物象的细节真实和典型性的本质真实。抽象形态不直接模仿显示，是根据原形的概念及意义而创造的观念符号，使人无法直接辨清原始的形象及意义，它是以纯粹的几何观念提升的客观意义的形态，如正方体、圆锥体、球体以及由此衍生的具有单纯特点的形体。

形是构成形态的必要元素，它不仅是指物体的外形、相貌，还包括了物体的结构形式。宇宙万物虽然千变万化，但其外形都可以分解成点、线、面、体等基本要素。

三、形态的类型

（一）点

点是形态中最细小的要素，只有位置没有大小。我们也可以将其理解为线的端头或线的交叉。在现实中，点具有多种表现形式，它既可以是大的点，也可以是小的点；既可以是方的点，也可以是圆的点；既可以是平面的点，也可以是立体的点。平面的点缺乏高度，且需要依托于平面；立体的点则比较自由，可以任意地散落在空间的任何位置。但是在现实中，立体的点由于引力的作用，往往不能独立地悬浮于空中，而必须借助于支撑物才能够被固定在空间里。此外，点是相对于我们的视觉效果而言的。例如，我们可以把天空中能用肉眼直接看到的星星当成“点”来看待。但是，如果我们能够近距离地去观看，就会发现，它们都是一些比地球还要大许多倍的巨大星球。

正因为点极其细小，所以在造型研究中，我们通常忽略其形态的外部特征。单独的点在造型中起到的作用较小，常常只能起到限定位置的作用。经过编排且密集成群的点，则会对造型产生极其显著的影响。因此，在造型过程中，我们应该注重研究集群点的构筑方法及规律，并及时地加以归纳和总结。

点通常具有轻快、跳跃之感。连续排列且大小交替变化的点，还具有很强的节奏感和运动感。因此在造型中，我们既要充分地考虑点的视觉特征，又不能忽略其心理特性（图1－10、图1－11）。

图1—10　点的构成

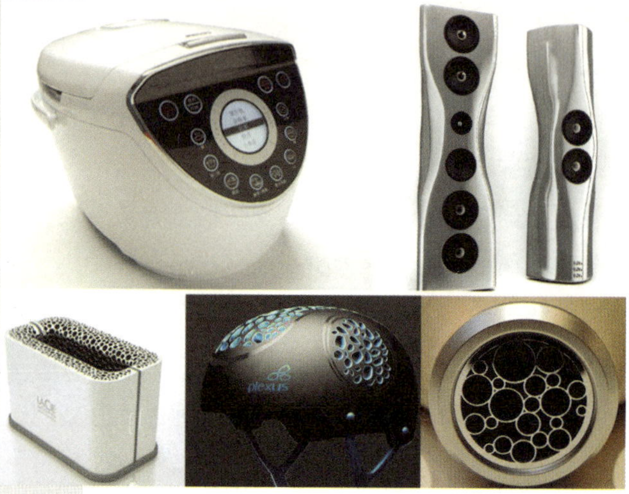

图1—11　产品设计中点的运用

（二）线

线是点连续运动的轨迹，或是连续点的叠加效果，只有长度没有宽度。在现实中，线具有宽度（截面）。由于线具有长度的优势，与点相比，它更具分量感。从分类上来说，线也比点要复杂得多。根据形态，线可以分为三类：线的总体形态（如直线、曲线、折线等），线的两端形态（如平头、尖头、圆头等）和线的自身形态（如铁链、麻绳、钢丝等）。另外，根据空间维度，线又可分为平面的线和立体的线。平面的线没有进深感，也不能产生空间的变化。立体的线则不同，它不仅可以停留在空间的任何位置，还可以通过弯折、扭曲来改变线在空间里的方向和位置。

单独的线比较单薄，缺乏体量感。成组聚集的线族的体量感则强得多。线族往往是按照一定的规律进行编排的，只要掌握了其编排规律，就能有效地抓住线的本质特征。

线具有轻快的感觉和强烈的方向感。经过编排的线，往往具有较好的节奏和通透性。注重研究线对人们心理感受的影响，将有助于我们全面地了解和掌握线的总体特征（图1－12、图1－13）。

图1—12　线的构成

图1—13　产品设计中线的运用

（三）面

面是线连续运动的轨迹，或是连续线的叠加效果，只有面积没有厚度。而在现实中，面却都具有明显的厚度。

面是平面造型的主体形态。但是，在平面中的“面”只能看到其表面，却不能显示其截面。立体的面则不同，不仅能显示其截面，还可以在空间里进行弯曲、折叠、翻转。立体的面比较特殊，从截面来看，它具有线的特征；而从表面来看，它又具有体的特性。面的种类很多，既有边缘形状的变化（如方形、圆形、三角形等），也有空间起伏的变化（如球面、卷曲面、弯折面等）；既有封闭的面（如圆桶、方桶等），也有敞开或中间开孔的面；既有厚的面，也有薄的面……与线相比，面具有较强的体量感。因此在造型时，面并不需要以数量取胜，面是更多地通过其自身的变化来完成。众多的面在进行组合时，可以采用截面对接或插接的方式、表面搭接或重叠的方式，以及面与面相互分离排列的形式等。重视研究面的不同种类及排列方式，能够使我们从中发现造型的规律性。

面的截面形态具有轻快之感，而表面则具有充实、厚重之感。因此，面的心理特性需要从两个方面来加以感受（图1－14、图1－15）。

图1—14　面的构成

图1—15　产品设计中面的运用

（四）体

体是面连续运动的轨迹，或是众多面的叠加效果。体是现实中数量最多的形态，稳定性较好，且具有较强的体量感、充实感和厚重感。立体比前面提及的点、线、面的形态要丰富得多，它既可以是规则形态，也可以是不规则形态；既可以是几何形态，也可以是有机形态；既可以是内部充实的形态，也可以是内部空虚的形态……显然，立体的造型比点、线、面的造型更为复杂。

体在空间中可以占据任何位置，但由于引力的作用，往往需要借助于其他物体来给予支撑。单独的立体通过变形、叠加、切削等方法，可以达到造型的目的；而组合在一起的立体形态，则可以通过相互嵌入、贯穿、插接以及间隔排列的方法来实现造型。此外，立体还可以通过单元造型的方法，来创造更为复杂的形态。

在立体的造型过程中，我们既要充分考虑立体的视觉效果，又不能忽略其心理特性。例如，同样质量的立体，我们既可以把它处理成感觉轻快的形态，也可以将其加工成感觉沉重的形态。关键就在于，如何把握好立体的视觉效果与心理特性的关系（图1－16、图1－17）。

图1—16　体的构成

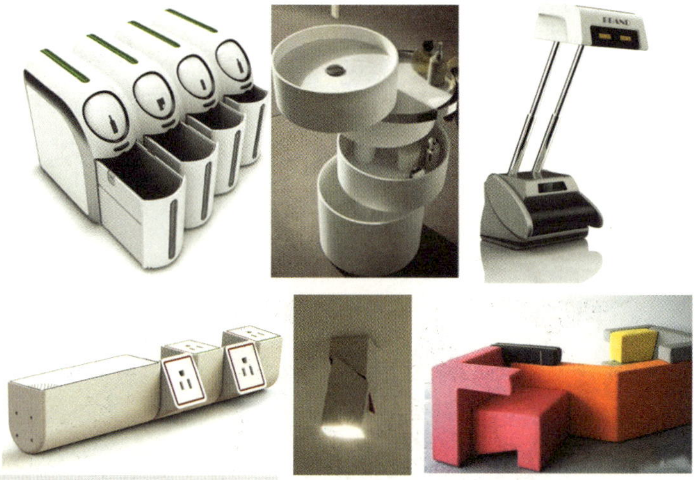

图1—17　产品设计中体的运用

图1—18　雕塑

四、形的美感和态的情感

（一）形·美感

产品的“形”顾名思义就是指产品的形状——可见的外在表现形式，产品的“形”就如同一个人的外貌一样有“美与丑”之分，当然美的“形”会给予人美的感受，不仅仅是精神上的愉悦感，同时还会给人留下深刻的印象。然而，产品设计中“形”的发挥并不是自由的、毫无拘束的，它受产品诸多因素的限制，如材料、工艺、技术、结构等。产品设计师不像艺术家那样，可以肆意地表达个人的思想情感，表达形式可以多种多样，可以天马行空，不受任何限制（图1－18）。产品设计师更像是一个“戴着镣铐在跳舞”的舞者，怎样最大限度地发挥产品形式的自由度创新是一个永恒的设计命题。

产品的“形”主要通过尺度、比例、大小等因素来体现时尚的感觉（图1－19至图1－21），影响人们的视觉心理。例如：对称或矩形能使人感到产品的“形”通过一定的尺度、比例、大小等这些因素来发挥它的实用功能与审美功能，矩形严谨，有利于营造庄严、典雅、稳重的气氛；圆或椭圆形会产生饱满与包容感，有利于营造完美、圆满的氛围；具有自由曲面的形会有一种自由、轻松活泼的视觉感受。

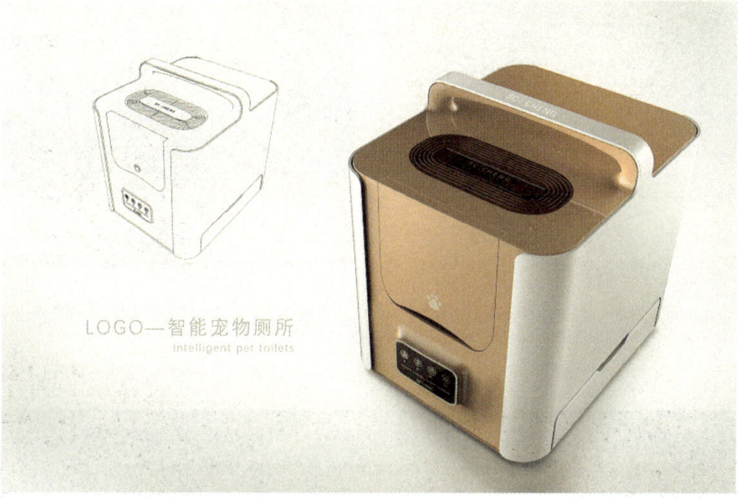

图1—19 “矩形”的产品

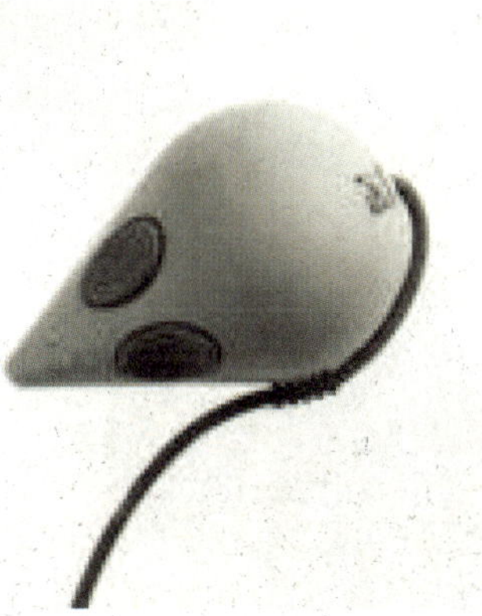

图1—20 “圆形”的产品

图1—21 “曲线形”的产品

（二）态·情感

在神奇的自然界里，任何生物都不可能是孤立地存在着，它们有着自己独特的语言和沟通方式，和人类一样通过语言发放信息、相互沟通。例如蚂蚁就是通过腹部的刮器摩擦发出振动信号来召唤同伴的，腹部的刮器是对化学语言的一种补充，是发声器官，能摩擦发出振动信号（图1－22）。再如竹叶青蛇、变色龙等动物体表的颜色往往根据周围环境的变化而变化，以此用来迷惑天敌、伪装自己和寻觅食物（图1－23、图1－24）。它们通过自身独特的语言展现自我，吸引异性，向异性发出视觉信号，自然界的这种传情达意是其生存和交流的表达方式。产品的“态”同自然界的语言一样，通过向人们发出无声的信号，引起人们的注意，吸引人们的目光，从而获得消费者和使用者的欣赏与认同。

图1—22　蚂蚁

图1—23　“竹叶青”蛇

图1—24　变色龙

产品的“态”是通过产品的“形”表现出来的精神状态，可以说“形”是“态”的物质基础，“态”是“形”的精神保障。在我国古代早有“形者神之质，神者形之用”之说，指出了二者之间辩证统一的关系。一件具有积极状态的产品不仅能获得美的视觉感受，同时能引起消费者情感上的共鸣。在考虑产品的“态”的同时要通过构建产品“美”的“形”来进行表现。所谓“美”的“形”并不是追求所谓的装饰感与形式感，以为简单地在产品表面“抹脂涂粉”就可以取悦消费者，诱惑消费者，“美”的“形”需要设计师充分挖掘消费者的使用需求，细致地观察和深入地了解与研究消费者的生活方式、行为特征、思想意识等，创造出符合消费者生活形态的产品的“形”，这样的“形”，才具有积极的精神意义。

第三节　学习产品形态语义学的目的与意义

产品语义学的出现给产品设计带来了较大的影响，产品语义学提出了自己的设计思想，它有三个目的。

第一个目的：产品语义学使产品“说话”。

产品语义学就是使产品和机器适应人的视觉理解和操作过程，注重以人为本，强调人机界面符合用户的生理和心理特性。在口语交流中，人们通过表情的视觉语义特征来理解对方。人们在操作使用机器产品时，是通过产品部件的形状、颜色、质感来理解机器。设计者应当把象征用在机器、工具产品设计中，使用户一看就明白它的功能、操作方式。把产品符号学的思想用于电子产品设计，就是要从人的视觉交流的象征含义出发。把产品语义学用于产品设计中，就是要从人的视觉交流出发，使得每一种产品都会“说话”，无需设计说明。产品语义学的运用可以让使用者自教自学，自己掌握产品的使用方法。(图1－25)

第二个目的：产品语义学使产品具有个性化。

传统的功能主义产品是以几何形状作为技术美的基础，主流设计思想是“外形服从功能”，产品造型就几乎都是平面直角。现今产品存在的社会背景已经发生了重大的变化，平面直角的产品已经不能再满足消费者的需求。个性化的产品时代已经来临，消费者需要的是符合自身需求的产品，除了满足使用功能，更要产品是时尚的，体现身份和地位。产品语义学给以更有效的回应。通过符号，以语义象征的方式，赋予产品情感、时尚和品牌等因素，让产品个性化充分体现。如图1－26所示的“鸭鸭”水壶，丹麦女设计师Maria Berntsen的灵感来源是母鸭带领小鸭，她将鸭宝宝造型作为素材，并运用创新的材质，完成这款鸭子水壶，得到了2003年德国的Red Dot设计奖。Maria运用了塑胶材质营造出温暖的感觉，为了加强保温力，她在内外层当中加了绝缘的泡沫橡胶材料，让这款水壶维持轻盈的重量，同时不会摔破。

图1—25　胶带台

图1—26　“鸭鸭”水壶

第三个目的：产品语义学使产品具有意义。

随着现代社会经济文化全球化的推进以及信息化的发展，影响产品设计的地域性、文化性限制会越来越小。但弘扬民族文化是每一个设计师都必须承担的历史责任。设计应该是历史流传下来的文化统一体延续的一部分，必须把传统和现实联系起来，在继承的基础上发展现代的设计。优秀的工业设计除了扮演产品自身固有的机能角色，实现其物理机能之外，还承担着传达心理性、社会性、文化性价值的象征角色的任务。作为文化技术的结晶，不仅体现出设计对人的关怀，还要体现出产品的历史、文化、心理的脉络（图1－27）。北京奥运会火炬创意灵感来自“渊源共生，和谐共融”的“祥云”图案。祥云的文化概念在中国具有上千年的时间跨度，是具有代表性的中国文化符号。火炬造型的设计灵感来自中国传统的纸卷轴。纸是中国四大发明之一，通过丝绸之路传到西方。人类文明随着纸的出现得以传播。源于汉代的漆红色在火炬上的运用使之明显区别于往届奥运会火炬设计，红色和银色对比的色彩产生醒目的视觉效果，有利于各种形式的媒体传播。火炬上下比例均匀分割，祥云图案和立体浮雕式的工艺设计使整个火炬高雅华丽、内涵厚重。

图1—27　北京奥运会火炬

思考与练习

1. 简述形态语义学的概念？
2. 简述形态语义学兴起的原因和背景？
3. 如何区分自然形态和人工形态？
4. 简述点、线、面、体的基本特征？
5. 如何理解“形”的美感和“态”的情感？
6. 学习产品形态语义学的目的是什么？

2 第二章　关于产品符号学

本章介绍符号学的概念，从符号的常识进行论述，简单介绍了符号学家们研究的基本观点。重点论述了产品设计与符号的关系，对产品设计中的符号特性进行了简单的分析。

第一节　符号学概述

符号，是人们再熟悉不过的一种用来传达信息的媒介，我们的生活离不开符号，交通信号标志、公共场所的标识牌、地图上的各种图标（图2－1、图2－2）等都是与我们生活息息相关的符号，通过这些图形化的符号我们了解到它背后传递的意义，从而指导我们的活动。

图2－1
交通标志符号

图2—2　生活标志符号

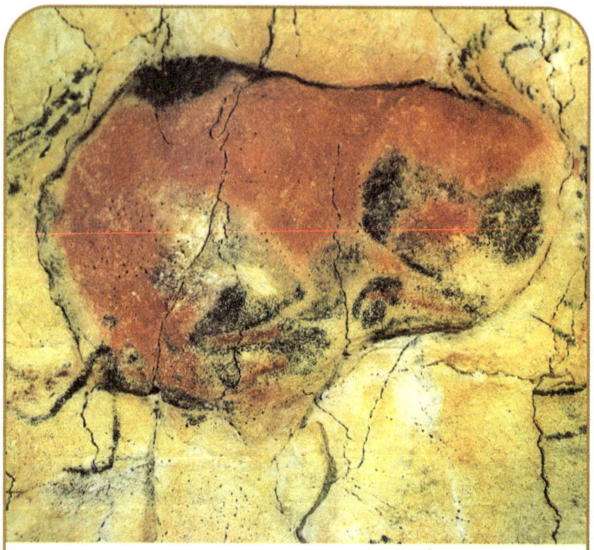

图2—3　受伤的野牛

符号学（Semiotics 或 Semiology），是当代人文科学较为前沿的学术理论之一，是人类有关意义与理解的所有思索的综合提升，符号学就是意义研究之学。符号学研究的基础是“符号”，而符号的意思是指某种用来代替或者再现另一件事物的事物，尤其是指那些被用来代替或再现某种抽象的事物。一般可以理解为有意义的媒介物。如文字、语言、电码、数学符号、化学符号、交通标志等。社会生活中如打招呼的动作、仪式、游戏、文学、艺术、神话等的构成要素都有符号。总之，能够作为某一事物标志的，都可称为符号。符号伴随着人类的各种活动中，人类社会和人类文化就是借助于符号才能得以形成的。

符号的起源是劳动。早在原始社会，我们的祖先就开始创造各种符号以便于记录生活，他们创造了结绳记事、在各种器皿上刻画，这便是早期符号的萌芽（图2－4至图2－6）。随着原始社会人类主观意识的增强，他们开始从事原始的设计活动，人们就有了实用和审美两种需求，随着社会的进一步文明，符号的发展愈加多样和考究。应该说符号在我们的生活中无处不在，语言、绘画、音乐、文字、产品、建筑，甚至人们的衣食住行、吃喝玩乐的生活形态和活动，都含着符号。

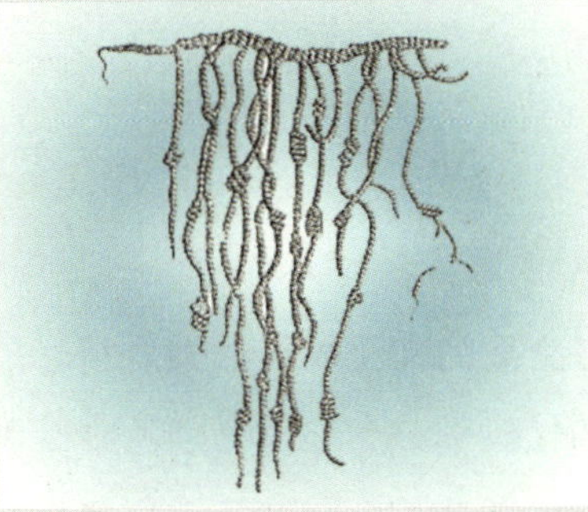

图2—4　结绳记事

图2—6　人面网纹盆

图2—5　甲骨文

符号学研究的中心内容是各种传播模式的符号语义学特性。符号之所以被创造出来，就是为了向人们传达某种意义。符号学主要包括信息符号、句法学、语义学和语用学。符号学成为一门学科，主要受到两条主线的影响，一个是以索绪尔为代表的欧式符号学，它是源于自由语言学派生而来的语言符号学，着重于符号在社会生活中的意义，与心理学联系。二是以皮尔斯、莫里斯为代表的美式符号学，它是源自美国实用主义的逻辑符号学，着重于符号的逻辑意义，与逻辑学联系。

索绪尔认为，符号学是一种设想。由能指（signifier）和所指（signified）两部分构成，能指是指符号的形象，所指是指符号形象所传达的意义，符号是两者的统一。与此同时，索绪尔认为，符号的本质属性是任意性。也就是说，能指和所指之间不存在必然的内在的联系。

而皮尔斯的符号学理论将符号分为三类，分别为：符号、对象、解释物。他用三元运动的观点阐释符号的传播过程。解释物是皮尔斯对实用主义核心观点进行推论的基础，是皮尔斯三元论的核心。同时他认为符号是主体获得知识的唯一来源，没有符号的存在，主体将无法思考。

查尔斯·莫里斯是美国最突出的符号学代表人物，为符号理论的系统化做出了巨大的贡献。它把符号学分为语构学、语义学和语用学三个部分。而符号包含三种类型的关系：符号与其对象的关系，符号与人的关系，符号之间的关系，并分别属于语义学、语用学和语形学的研究对象。符号学是三种学科的总括，是一切科学的“元科学”。查尔斯·莫里斯的理论是对皮尔斯理论的发展和深入，且更为系统和全面，并且更广泛地影响了后来的设计艺术学科理论的认识和发展。

罗兰·巴尔特（Roland Barthes，1915—1980）则首先将符号学观点应用于广告媒体研究中，他以符号学来进行对广告的编码，挖掘出广告背后所隐藏的意义。符号学理论开始被引用在设计领域中，设计符号学逐步成型。

第二节　产品设计与符号

设计与符号学的关系非常密切，设计符号是一种综合交叉的文化表现形式。符号是负载和传递信息的中介，是认识事物的一种手段，表现为有意义的代码和代码系统。以符号学的理论重新认识设计，就是把符号看作设计的元素和基本手段，它是沟通和联系人与自身、人与产品、产品与产品的中介，直接影响人的生活方式。设计中的符号作为一种非语言符号，与语言符号有许多共性，使得符号语言学对设计也有实际的指导作用。

产品作为人造物，是人们为了生存和发展的需要而实践创造出来的，是一种类语言符号，产品的语言符号是由线条、体块、色彩、材质等视觉形式构成的，产品中的造型符号具有一般符号的基本性质。任何符号都包括形式和意义两个方面的要素，二者互相依存，各以对方为存在条件，缺一不可。产品的形态符号是产品的外在形式，是我们感知符号的前提。现代社会，产品已远远超出了具有使用价值的物品和具有价值的商品的概念，它是企业和消费者沟通的桥梁。设计师作为产品的创造者、符号的编辑者、信息的传送者，他们通过块面的结合、线条的变化、材质的搭配、色彩等人为直接感知的形式要素的运用乃至整体的空间构成，用特有的符号组合向人们传递出各种感性和理性的信息，从而使得产品成为满载信息的传达载体（图2－7至图2－9）。

图2—7　“钢琴”U盘

图2—8　“外星人”榨汁机

图2—9　削皮刀

产品的形式是通过产品的材料、形态、结构、色彩、质感等视觉语言向使用者揭示或暗示产品的内部结构，使产品功能明确化，使人机界面单纯、易于理解，从而解除使用者对于产品操作上的困惑，这是产品符号的基本功能。在形式的基础上，其形态符号又同时具有某种象征意义，能够传达给使用者更多的文化内涵，产生富有情趣的生活方式，达到人、机、环境的和谐统一。例如阿莱西公司设计的几款不锈钢水壶，造型美观大方，设计构思巧妙，高超的电镀工艺技术充分表现出光滑明亮的金属质感，具有很强的时代特色（图2－10）。

图2—10　阿莱西不锈钢壶

产品符号是负载和传递信息的中介，是认识产品的一种有效手段，表现为有意义的代码和代码系统。产品设计中的符号特性应该具有以下四个特点：认知性、普遍性、约束性和独特性。

1. 认知性

设计的最终目的是得到消费者的认同和喜爱，设计符号就要起到让目标群体知道、熟悉并理解的作用。如果设计符号并不能为人所知，或者说不能让消费者很好地理解，并由此产生认同，就失去了其存在的意义，所以说认知性是设计符号语言的生命。设计符号的制作者可以给予设计符号一个躯壳，但是还要消费者通过认知给予设计符号生命，否则设计符号以及作品就完全失去了意义。“旋、按、拨、推”是使用产品的几个基本动作，同时也是产品的指示符号，为消费者所熟知。使用者不需要看操作说明书，通过操作符号的提示就知道如何使用。

2. 普遍性

由于产品设计的最终目的是为人服务，而不是为工业产品本身服务，因此设计者必须采用能让设计者、消费者都容易理解的设计符号，让设计符号具有一定的普遍性，最终设计出的产品才能在消费者群体中广泛应用并被广大消费者所接受。因此，设计者在进行产品设计时，要找出与消费者之间存在的一定共性，让自己的产品具有一定的普遍性，才能更好地为广大消费者所接受。

3. 约定性

虽然符号与符号义之间的关系是任意性的，但是符号一旦创造完成，具体的联系一经社会成员认同、约定，那么就成为一种社会习惯，具有某种不变性，任何人都必须遵守，不得随意改变。作为社会约定俗成的表示意义的标记，一经置于社会领域，是难以改变的。要变，也是在历史的长河中发生的渐变和量变。符号创造完成后，经社会认同并成为社会习惯，就具备了相对的稳定性。任何人都会自觉遵守，把其作为约定俗成的意义标记置于社会生活中。当然，这种约定会随着时间的变化逐渐增加所指和能指。在设计活动中，运用设计符号首先是设计符号的约定性。虽然，设计活动本身又体现着创新性特征，大量的创意活动在设计中展现，这种创新性的运用要和符号变化的量变和质变规律有所结合。设计的符号只有具备约定性，才能为大众所接受。例如，数字键的排列组合方式成为一种约定符号，被大众认可，若改变就需要重新认知。所以电话、计算器、键盘等产品的数字按键，大部分都会按照符号的约定性进行设计。

4. 独特性

绝对意义的独特是不存在的，推陈出新往往是渐变的，设计符号也不例外。设计的创新性决定了设计符号必须要具备独特性。在大多数情况下符号强调的是“认知性”，但设计必须要具备某种独特的性质和与众不同。符号是一个灵活的开放系统。符号不是孤立的，而是既相互对立、互相区别，又互相联系、互相制约的。符号的组合性既依赖逻辑规律和语法规则，也依赖符号本身的开放性、灵活性和适应性。在此特点下，设计符号的独特性就应该有迹可循。设计者在已被接受的原有符号基础上，按一定的规则组合成新的形式，就可以做到其独特性。

从符号学的角度来看，产品信息的传达过程实际上就是设计师编码和消费者解码的过程。设计师为了将抽象的产品信息传达给消费者，就必须借助于一系列可感的符号作为媒介，根据一定的规则创造出一个产品形式呈现在消费者的面前，这是设计师的编码过程；而当这个产品形式呈现在消费者面前时，消费者会用自己的方式去尝试理解它，进行信息重构，这是消费者的解码过程。编码过程和解码过程在空间上和时间上都有着相对的独立性，用户对于产品的理解不一定会照着设计师所期望的方式或过程去进行，设计师在对产品符号进行编码的过程当中，不能像艺术家设计一件艺术品那样有很自由的发挥空间，纯粹为了自我表现和自我满足去设计，而是以最终实现信息确切重建为目标（图2－11、图2－12）。

图2－11 电吹风的设计

图2－12 沙发椅的设计

思考与练习

1. 简述符号学的概念？
2. 查尔斯·莫里斯是美国最突出的符号学代表人物，它把符号学分为哪三个部分？
3. 产品符号的基本功能有哪些？
4. 产品设计中的符号特性应该具有哪些特点？

3 第三章　产品形态语义传达的相关要素

本章主要从分析形态视觉语言的传达形式，以符号的观点揭示产品形态设计与符号语义传达的信息内涵，并以此为基础探讨形态设计语义的编码和解码的过程，最后对形态设计语义的视觉传达审美意趣加以描述和总结。

第一节　视觉语言的传达形式

在人类社会里，语言是主要的交流手段，视觉语言是诉诸人类眼睛的语言形式，即人眼所能捕捉到的形象信息。人们根据需要选择相应的材料和表现形式（雕塑或是绘画、具象或是抽象等），运用一定的原则和方法，在一定的范围内控制各种元素之间的关系，最后形成能够传达特定信息的图像。工业产品造型的诸多因素（例如线条、形体、结构、质感和色彩等）也是传达信息的媒介，因此它们都具有符号功能，并构成了产品的视觉语言。产品的“视觉语言”又具有指示符号和象征符号功能，如产品的把手、按键等设计，就采用了抽象形态，它是依据人们对造型本身所具有的规范性所形成的一定概念及其使用功能直接联系以及对同类产品近似性的认识。设计师在进行产品设计时，除了考虑产品的功能，也赋予了它一定的形态。而形态可以表现出一定的性格，就如同它从此有了生命力。人们在使用物的过程中，会得到种种信息，引起不同的情感。产品的外观造型系统主要包括：特定的外观造型风格、材料、色彩、表面加工、装饰工艺等。外观造型系统是产品形象设计的重要内容，目的是确定相适合的设计语言和设计风格，形成系列化产品，以形成自己特有的品牌风格。当设计使产品在外观、肌理、触觉上给人带来一种美的体验，使用者就会有好的情绪感觉。

一、传达特征与结构因素

视觉语言涉及的范围较为广泛，可以粗略地划分为以下几个方面：媒介、空间特性、时间和功能。

根据视觉形象的空间特征可以分为平面图像和立体图像，即二维图像和三维图像（图3－1）；根据创造视觉形象的材料（媒介）、技术可以分为绘画、建筑、雕塑、电影、摄影、产品等。

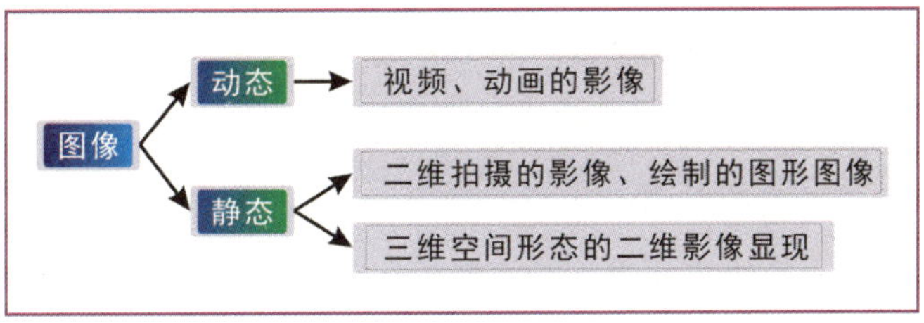

图3—1　图像

一般人们认为点、线、面基本形态要素及组合构成了图形符号的物质基础，属于视觉语言关系的底层结构，底层造型要素构成上层结构形式和语义所依托的物理介质。这些要素本身没有特定意义，如同文字中字母和笔画的线条，是为符号而准备的物质形式。而上层结构则是基础物质元素建构的符号，具有符号形式和符号语义两种基本属性。符号形式是符号语义的载体，符号语义借助符号形式得以表达和显现。两者之间是相互依存、相互影响的关系，共同建构了完整的“符号”系统，如图3－2所示。

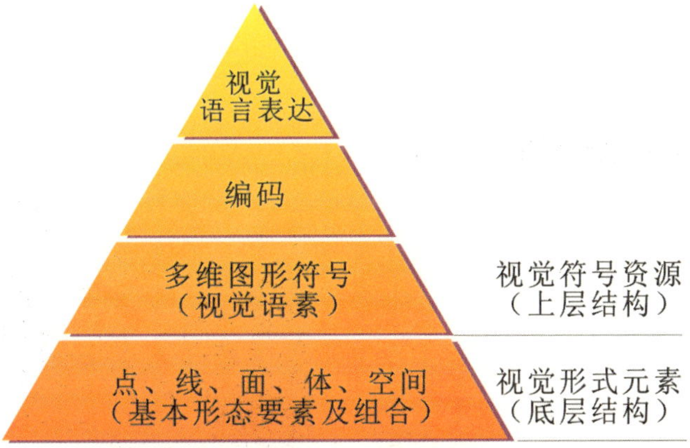

图3—2　视觉语言关系图

视觉语言需要依附于一定的物质载体而存在，但是这种依附具有一定的相对性，同一种视觉信息可以通过不同的物质载体表现，不同意义的视觉信息也可以通过相同的物质载体来表现，而载体本身并不是信息。人类认识主体首先接触的是载体，然后才逐渐感知载体中所承载的信息内涵。根据载体本身的特征，可以把视觉语言的信息载体分为两大部分：第一部分是由人类认识主体的感官表达的表意型载体，如符号、文字、语言、形体、表情等；第二部分是人的感官无法直接感知，须借助于一定物理设备而存储的承载型物质载体，例如电磁波、网络信号等。

无论是视觉符号语言形式还是内涵都相当丰富和复杂，人们需要从不同层面来梳理、认识视觉符号语言形式和内涵，只有这样人们才能准确把握和研究视觉语言符号丰富的信息内涵。

二、语义传达的语汇基础

从语素单位组成来看，可以把视觉符号分为两大层次：作为图形中的视觉语言组成的最小语素单位，也就是可以分解的最小视觉语义符号，它包含具体可分解的形态语素、有意义的子符号形态语素和视觉符号所具有的色彩、空间位置、材料等相关形态的属性，由于人类文化的长期积累和感觉经验的介入，这些元素已经具有相对独立的语言意象和内涵，可以影响甚至主导传播信息的整体表达，对意义形成与传播效果起重要作用。例如直线更显刚直，曲线体现优美，圆形寓意圆满、完整，而不同粗细、巧拙的线条又表现出性格和气质完全不同的样貌。

从不同品牌汽车车灯的设计就能够看出它们的气质和定位，例如兰博基尼的车灯采用直线的设计展现了硬朗、霸气风格，体现了它将极致速度与时尚融为一体的品牌理念（图3-3）；BENZ公司的车灯设计总是以优雅、经典的曲线造型体现其尊贵（图3-4）；吉利公司生产的“熊猫”汽车，又大又圆的前灯设计显得精致可爱（图3-5）。再如，红色在不同的视觉环境里会产生警示、热烈、暴力等不同的语义变化，这种变化成为设计作品中重要的信息导向。一些电子产品的电源开关经常被设计成红色或是被印上红色的符号（图3-6、图3-7），以提醒用户其特殊性，从而减少误操作。而相同形态放置在画面中不同位置，也会因画面力场分布的差异，呈现不同感觉的状态。就是因为不同形式的差别造成的语义变化和感受波动，被简单地概括为形式的情态，其实这恰是一种独特的图形符号语言，它们和具体的形象、指示、象征符号一起构成图形语言系统丰富的语汇基础。

图3—3　兰博基尼车灯

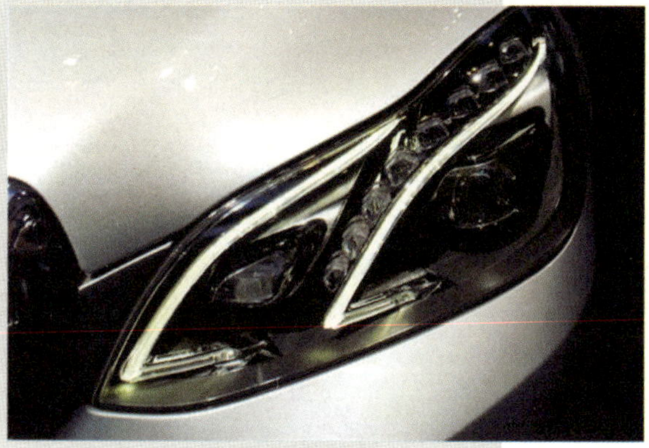

图3—4　BENZ车灯

图3—5　吉利“熊猫”车灯

图3—6 电视机开关

图3—7 电源开关

三、组合形式特征及其关系

（一）视觉语言组合形式特征

在现实世界中，物象或视觉组合形象一旦具有相对独立、完整的语义信息以及指代、象征意义，也就具备了符号的特征，成为更高一级的视觉符号形式，因而具有视觉图形符号语素组合的特点。例如麒麟的形象是集龙头、鹿角、狮眼、虎背、熊腰、蛇鳞、马蹄、牛尾于一身，乃吉祥之宝，但由于人类的心理感知特点，这一形象已经在视觉上整合成新的视觉符号形式（图3-8）。从古到今都是公堂上的装饰，以振官威之用，也是权贵的象征。

对于生活中的具体形象以及运用同构技巧创意的超现实形象而言，虽然自身可能有多种视觉符号语素和属性，但因为完形的作用，人们更倾向于忽略其局部的组成因素，把它看作一个更高一级的整体。也就是说，当低一层次视觉符号组合成高层次视觉符号，原有的元素成为新层次的整体关系后就被弱化了，人们看到的是整体的新的形象和含义。如图3－9所示的创意书架设计采用流动形式，一改原本方方正正的形式，将不同的视觉结构和元素结合起来，给人以欢快愉悦的使用体验。

图3—8 麒麟

图3—9 创意书架

（二）视觉语言的组成关系

从组成关系上可以把视觉语义符号区分为两个层次：

1. 独立视觉符号语义

独立视觉符号语义，即具体的单一的符号形式所传递的语义内涵。美国符号学创始人、哲学家和逻辑学家夏尔桑德皮尔（1914）曾依据皮尔士曾依据符号与对象的关系把符号分为图像符号、标志（指示）符号和象征符号，这是独立符号语义较有影响的划分方式，全面地描述了视觉符号的表意特点，将人类视觉符号从象形、指示到象征性语言表达的层次进行了揭示和有效论证。但是由于这种划分方式更多关注的是抽离了的、独立的符号信息和语义关系，并不能整体地、全面地解释组合符号中的语义关系，难以把握人类视觉文化迅速发展后组合式符号的形态关系和环境语义特点，不能深入更丰富的视觉符号编码研究层面，因此有明显的局限性。目前国内外许多符号学研究和分析都是以独立语义符号为主要研究对象进行的。

2. 组合视觉符号语义

组合视觉符号语义，也就是人们所说的组合符号形式的语义。不同视觉符号因其外在形式和内在意义的关联，经过有机组合、编码会形成新的视觉符号，并在产生新的语义的同时形成一定的语法修辞关系，如比喻、拟人、夸张、借代、悖论、互衬等，这是现代视觉语言发展的重要表现，超越了单一符号表意的局限，较单一符号而言具有更丰富的意义延伸和内蕴，使符号语言有了质的飞跃。比如日本著名设计福田繁雄设计的反战招贴倒转方向的弹头处理，金特·凯泽的海报作品将和平鸽与人头骷髅同构是典型的悖论表现手法（图3－10）；《文字的伤害》海报中手枪与钢笔的设计实际上就是概念的置换和借代（图3－11）；再如艾芭莎推出型号为小美S1的化妆盒充电器就是借用女性日常用品化妆盒的形态来强调其对女性的专属性设计（图3－12）。

图3—10　金特·凯泽作品

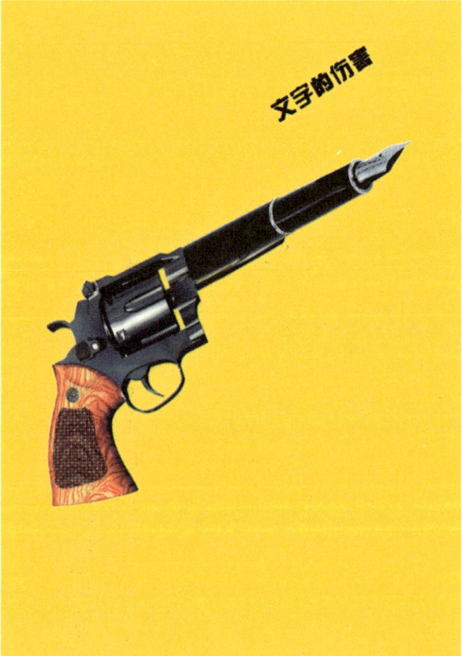

图3—11　海报《文字的伤害》

图3—12　艾芭莎小美S1移动电源

在当前的自由设计观念中，语言形式也发生了很大的变化，比如动态组合的语言形式成为艺术表现的重要内容，有效地增强了组合式视觉语言的表达力。由视觉符号语素组成视觉符号和视觉符号组合，造就新的视觉形象和意象，使视觉语言的表述在更高层级上获得无限的组合变化。

图形符号是图形中的具体语素单位。虽然图形符号具有独立的意义，在某些特定环境中也可能作为“图形”独立使用，但它在总体上仍然隶属于视觉语言表述整体，需要与图形环境中的其他符号有机结合，才能建构完整的语言表述内容。

第二节　形态符号语义的信息内涵

一、形态的符号化思维形式

德国当代著名哲学家恩斯特·卡希尔曾经提出人是“符号的动物”的著名观点，揭示了符号化思维和符号化行为是人类生活中最富于代表性的特征。语言、神话、宗教、科学、艺术、技术都是人造的符号宇宙。从语义学的概念出发，引用语言学的概念说明图形语言与文字语言存在的共同之处，那就是两者都具有“传情达意”的作用，是传递信息的媒介，担负着将人头脑中抽象的思维尽量准确地传递到他人头脑中的任务。但图形语言和文字语言之间还存在较大的差别。例如我们的汉语言文字，为了记录语言和相互交流的需要，经过了几千年的演变、无数次的修改进化，才由最原始的象形文字过渡到今天的汉字，它有相对固定的字、词、构词法和语法，善于表达抽象复杂的事物和逻辑关系，可依赖视觉和听觉进行传播。而视觉形态语言则与文字语言大不相同，它没有固定的字、词、构词法和语法，它是由图形图像的方式进行展现。

文字语言作为一种特殊的比较完善的记号系统，我们从中可以得到一些启示，用到产品语义的研究与应用当中。比如作为文学修辞手法的通感就是把不同感官的感觉沟通起来，借联想引起感觉转移。通感技巧的运用，能突破语言的局限，丰富表情达意的审美情趣，收到增强文采的艺术效果。例如人们闻到酸的东西会联想到尖锐的物体；听到缥缈轻柔的音乐会联想到薄薄的半透明的纱子；欣赏建筑的重复与变化的样式会联想到音乐的重复与变化的节奏。

文字语言的组成可分为名词性和修饰限定性两大部分，产品符号系统也可以同样进行类似的分类处理。将产品符号系统中的符号按不同的表达功能分成不同的性质，相当于文字语言中的词性。因词性不同在系统中所起到的作用不同，对其在表达上的形式要求也不同，通过调整它们之间的关系，来调节标准化与个性化的比例关系。

我们对典型产品进行分析，如图3－13所示的笔记本电脑，可以看出产品的符号系统依其所承载的功能可分为三种类型构成。

（1）各类功能键、外设连接孔及其相对应的文字说明和符号

这些符号的主要作用是“达意”，就是让使用者知道如何操作，这类符号不仅要传达出单个符号的意义，还要进一步传达出它们之间的组合关系。设计的重点是在满足基本信息传达和物理操作的基础上进行一些简单的变化，以配合整体造型使之达到协调。

（2）构成外观的整体视觉与触觉感受的形态及色彩

第二类符号构成了产品外在视觉与触觉的形态及线形特征，在满足人、机物理层面的基本要求的基础上，必须承载起传达产品的个性特征和产品精神内涵的功能，这也是最能发挥形态语言感性魅力的领域，其主要功能是“传情”。

（3）支持电脑功能的软件界面

第三类符号完全发挥人与机器的对话功能，对个性的需求并非十分必要，应该尽可能地使之接近标准化、操作规范化。正如前文提到的，应该反思是否需要所有方面都实现个性化，或者找到一种更好地体现个性的方式。比如计算机操作系统，在公共操作系统的基础上，可选择个人的配置方案，使个性化得到了更好的体现。

图3—13　笔记本电脑

二、形态的符号化行为语言

产品语义设计的目的是使产品和机器适应人的视觉理解和操作过程。人们使用机器产品时，主要通过产品部件的形状、颜色、质感来理解机器的操作方式，例如视觉经验认为圆的东西可以转动，绿色表示安全，红色往往表示危险。设计者应当把这些东西的象征含义用在机器、工具等产品设计中，使用户一看就明白它的功能以及操作方式，不需要花费大量精力重新学习新的操作方法。可以将产品符号学的思想用于电子产品设计，从人的视觉交流的象征含义出发，使每一个产品、手柄、旋钮、把手都会“说话”，即通过结构、形状、颜色、材料、位置来表达其象征含义，“讲述”其操作目的和方法。换句话说，就是通过设计使产品的操作目的和方法不言自明，不需要附加说明书进行解释。怎么才能在人机界面设计中实现这一目标呢？产品语义学认为：这些几何形状的象征含义是人们在大量的生活实践中学习并积累起来的，这是每个人的几何形状知识储备，设计师应当采用人们熟悉的形状、颜色、材料、位置的组合来表示操作，并使其操作过程符合人的行动特点。如图3－14所示的Audio Torch是一个无线音乐播放机，也可以悬挂在墙上作为音响，而且它能在墙上投影操作菜单，这样人们便可无线控制CD的播放。通过视觉化的操作界面，用户能轻松地使用这件产品。

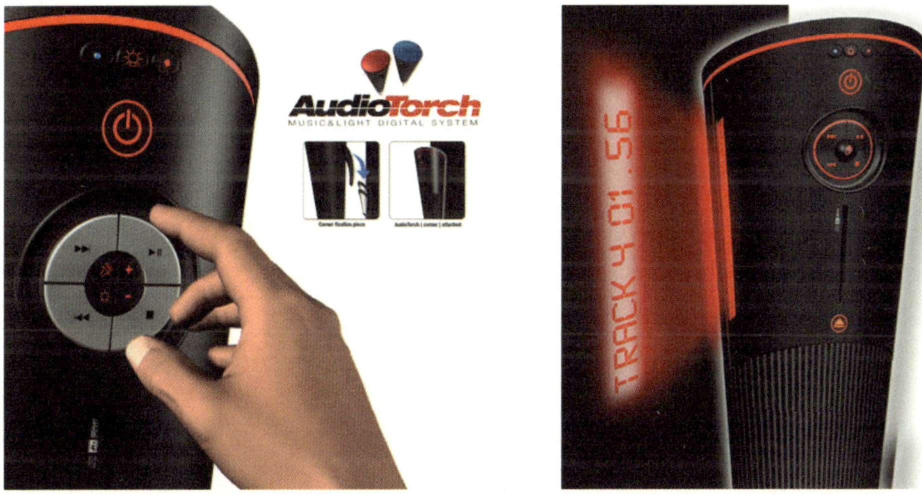

图3—14　Audio Torch

第三节　形态语义设计的编码与解码

符号学是研究符号的特点及人们如何通过符号进行沟通的科学。符号学要求把一切事物都作为符号来研究。既然符号学的本质是研究如何通过符号来实现人与人之间的沟通，那么当我们把产品当作符号时，设计者通过设计把自己的审美意向蕴含在产品中，并用它向消费者传达自身的思维过程与结论，达到指导或是劝说的目的；而消费者通过对产品符号的解读，了解设计者所希望表达的思想感情，并与自身经验加以印证和比较，从而最终接受或拒绝产品。工业设计是一个符号的编码过程，而设计的产品被消费者认可或不认可都是一个符号的解码过程。

人类生活在符号世界中，但是这些符号总的来说分为两大类，即语言符号与非语言符号。工业产品属于非语言符号。符号是具有某种指称意义的标识物。对于符号的结构，按照索绪尔的观点，把符号分为能指和所指；皮尔斯认为符号由三个部分构成：代表者、对象和解释项；英国著名媒体理论家、文化研究批评家斯图亚特·霍尔（Stuart Hall）把符号分为图像和意义，而意义结构分为外延和内涵。索绪尔主要指的是语言符号，皮尔斯指的是抽象的符号。相比较之下，由于霍尔研究的是视觉符号，我们认为霍尔对于视觉符号的结构分析与本文更加吻合一些。霍尔的外延和内涵大约相当于皮尔斯的对象和解释项，但要精微得多，并且层次更加清晰。

霍尔的《电视话语中的编码与解码》(后被广泛地译为《编码，解码》）用马克思主义政治经济学原理分析电视符号的编码与解码具体过程，成为后来经典的编解码理论。霍尔认为电视节目的价值与其他任何产品变为商品一样，要在流通环节才能实现。任何事件要编码为符号后才能传播，编码有自己的规则，这一规则在编码中占主导地位。制作电视节目需要相关基础，依赖这些基础开始生产建构符号信息，从而也开始了流通过程。符号编码要受消费者需要的影响，这与产品生产中用户需求的信息来源一样。对于解码，霍尔提出解码者不同的社会地位而导致主导—霸权、协商和对抗三种不同的解读立场。霍尔理论后来也被称为霍尔模式，他虽然分析的是电视话语，但正如他的这篇文章后来被译为“编码，解码”一样，在符号的结构、解构及其分析以及符号传播等方面产生了极大影响。

一、产品设计的编码

产品语义设计即为借助产品的形态语义理论，使产品的功能用途的语义信息通过外在形态传达给使用者，使使用者理解这件产品是什么、它如何工作、如何使用及它意味着什么等，使一件复杂的产品成为一件“自明之物”。功能指示语义传达编码以自行车为例，自行车的车架是由金属制成，金属材料往往给人以力量和结实感。同时，车架的造型设计体现了自行车整车形体、风格和款式等最重要的部分。

指示性语义传达编码：指示性语义的塑造就是要求设计师找到一种能准确传达产品使用的语义符号来表达操作方式，以达到情感更深层次的沟通和交流。自行车的车把两端的位置上使用了橡胶材质制作的把套，通过具有指示性作用的语义符号来告知使用者手握的正确位置。

产品语义情感传达编码：在产品设计中情感是设计师—产品—使用者的一种高层次的信息传递过程。设计师的情感表现在产品中是一种编码的过程；使用者在面对产品时会产生一些心理上的感受，是一种解码或者审美心理感应的过程。自行车的情感传达编码有以下几种：①运动的感觉：流线的造型，跳跃丰富的色彩；②生命的感觉：富有张力的曲线造型，有机、仿生形态；③高科技的感觉：新型的材质，高科技色彩；④精致的感觉：部件之间的自然过渡，精细的表面处理；⑤安全的感觉：粗壮的车身和轮胎、浑然饱满的造型等。

产品语义个性传达编码：产品的个性语义是根据消费者的需求、心理、使用环境产生的。因此，产品的个性语义的内涵是丰富的。许多自行车夸张的造型和色彩往往受到追求新奇的年轻人的青睐。

产品语义意义传达编码：语义的形成是有的是有意识、精心设计的，有的则是由环境、历史、文化等附加进去的。这是因为在生产设计制作的过程中，不可避免地要受到周围环境的影响和支配。

产品形态设计原则编码。产品形态设计的原则有：符合产品的功能和目的；符合形式美法则；符合人的生理、心理特征和行为习惯；符合特定地域人群的民俗文化；把握时代感和价值取向；突出主题语义的诉求；与既有产品形成一定的语义延承。

显然，我们的设计编码本身就是传统和现代的结合，按照霍尔的理论，符号的内涵意义具有多义性和开放性，编码者总希望在其中能够蕴含多种意义，从而努力得到更多的认同。（图3–15）

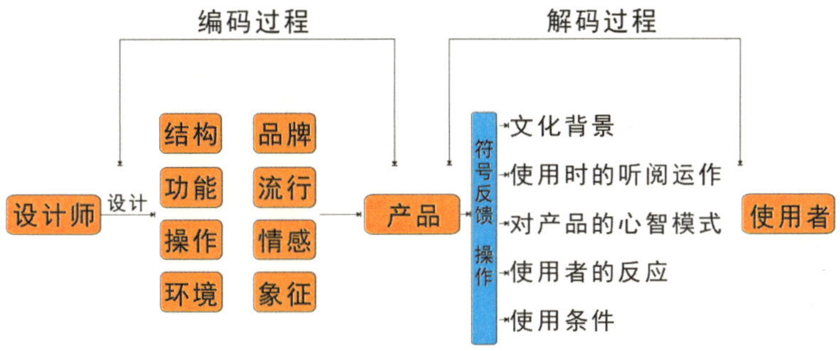

图3—15 设计编码与解码的过程

二、产品设计的解码

从认知心理学的角度来看，主体通过感觉器官及知觉的组织加工，能获得产品的物理特征，如大小、形状、颜色、质感等，通过以身体感觉为主的“本体感觉系统”去感知产品是否好用，有时候还必须借助以往的经验，把产品的特征与存储的知识相互匹配，最后形成对产品的整体认识。产品设计是设计者思想感情通过符号编码的表达过程，而设计所要表达的价值观念等理念是否可以被消费者有效接受与认知，是作品成功与否的标志。但设计者应当明白，编码与解码存在着不一致性。

总的来说当一件产品呈现在消费者面前时，消费者会通过两种方式去理解它，一种是根据自己以往的记忆和经验；另一种是根据产品本身，它包括产品的外观和产品的实用性。

霍尔有一个十分重要的观点，符号的意义不是由编码者赋予的，而是编码者和解码者共同建构的。设计者在编码时尽管充分考虑了消费者的需要，但毕竟由于编解码双方的社会文化地位、审美情趣和价值观念等多方面的不同，解码者不可能会完全领会、理解和接受编码者对符号所赋予的意义。比如色彩，在不同的国家，就有不同的象征意义。在我国，红色一般代表喜庆，黄色代表高贵，因此人们普遍喜欢红色和黄色。而在伊斯兰国家，由于宗教的原因，人们普遍喜欢绿色，而黄色由于象征死亡，是最不受欢迎的颜色。诸如此类由于历史、宗教、地域的原因，人们在对事物的理解上会有一些差异，设计师如果不了解这些差异而进行设计，就有可能设计出无法被用户正确解读的产品。如图3–16所示“浪漫荷叶灯”，使用者如果没有那样的文化背景，那么这款灯对他来说就谈不上浪漫。

霍尔的三种解码立场，主导一霸权解读立场是指解码者明白并完全认同编码者的符号意义；协商立场是指解码者明白但有保留地认同编码者的符号意义；对抗立场是指解码者明白编码者的符号意义，但用相反的方式去解释其编码意义。对于整体构形来说，目前绝大多数中式家具都是木制的，如果在坐卧家具上增加沙发的元素也是一种创新。如图3－17所示的几榻在设计中蕴含了中国传统元素，但消费者未必能理解，或者说能够消费符号意义。

图3—16　浪漫荷叶灯

三、编解码理论与审美导向

跨学科研究是当代学科发展的一个重要动向，目前运用符号学原理指导和解释产品设计已经不少见。但交叉学科同样有重要意义，霍尔理论就是符号学、马克思主义经济学与传播学的交叉学科研究成果。不过与霍尔理论和国外正在兴起的大众设计有所区别的是，我们认为设计是一种精神活动，因此它要发挥包括审美在内的意识形态的导向作用。好的设计应当是社会主流意识形态与消费者精神需求的有机结合。在图3－17所示的几榻设计中，就是希望对当代青年群体在时尚追求的同时，引导他们认同中国传统文化和当代和谐社会的价值取向。

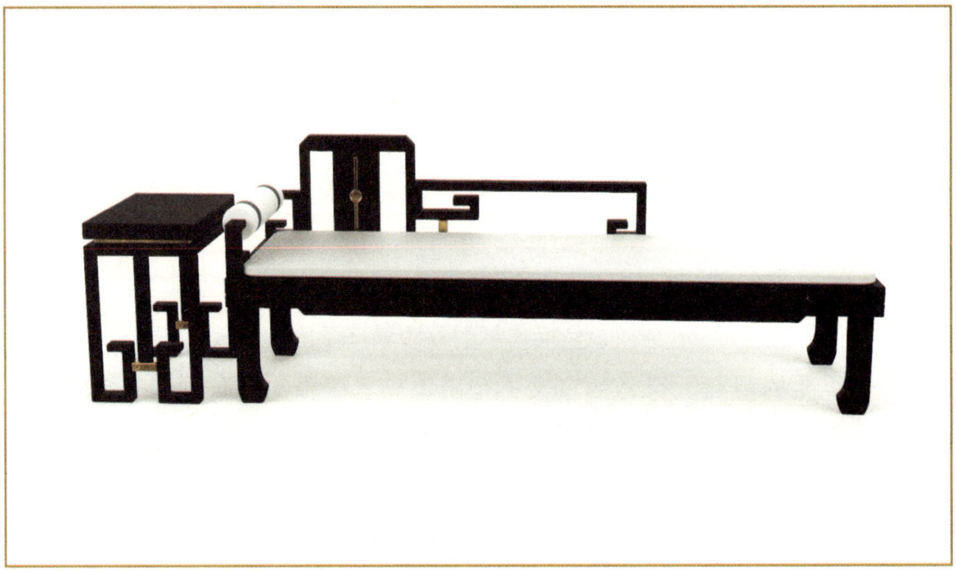

图3—17　几榻

按照霍尔的观点，符号消费与商品消费一样，都要用马克思主义政治经济学原理去理解，产品设计只有被消费者消费才实现其价值。这给我们的启示是：第一，产品设计要按照主流意识形态审美价值观去进行文化编码；第二，要完全清晰地传达这种价值观，同时也要准确地了解特定解码群体的审美倾向，并把二者很好地结合起来；第三，设计编码中要尽量增加内涵意义，但没有一种设计能被全社会普遍接受，因此设计时一定要对消费对象精准定位，并要在设计中发挥精神价值追求的积极引导作用。

第四节　形态设计语义的审美意趣

一、审美意趣的基本构成原理

一个人的审美意趣离不开他所在文化传统的潜移默化。就中国人而言，着重表现为重写意、尚自然、虚实相生、动静相宜、圆融自然、朴实无华、轻柔曼妙、意在言外的审美追求。建筑大师路德维希·密斯·凡·德罗提出的“少即是多”是现代设计中经典的设计理念。虽然这一设计理念的提出源自国外，但只要懂中国书法及绘画，并对中国传统审美情趣稍有通晓，那么你就会明白中国自唐代以后就非常崇尚“少即是多”的审美原则，无论是在文字使用还是绘画中都讲究“言简意赅”。中国的“写意画”就是以最少的笔墨来传达最丰富的情感。这是一条非常传统、经典的中国式审美原则。中国人相信一个本土的哲学观念：“以不变应万变”。不过现在的问题是，“不变”的“法宝”到底是什么？外国人帮我们看到了“中国的历史”。而体现“中国的历史”，当然不应只是对大量符号与元素进行浅显的、机械的照搬，更多的应是对民族精神与审美意趣的记忆、掌握和总结，并在此基础上进行拓展与延续，来迎合时代快速发展的需求。

构成审美意趣的最主要的基石就是感知、理解、情感、想象等活动（图3－18）。这些活动均会产生一种独特的体验，它们经过相互作用、相互补充和印证最终构成一种奇妙的审美体验。审美中的感知因素是导向审美意趣的出发点，理解为它指明了方向，情感为它提供了动力，想象为它添加了翅膀，当这四种因素以一定的比例结合起来，并达到自由和谐的状态时，愉快的审美意趣经验就产生了。

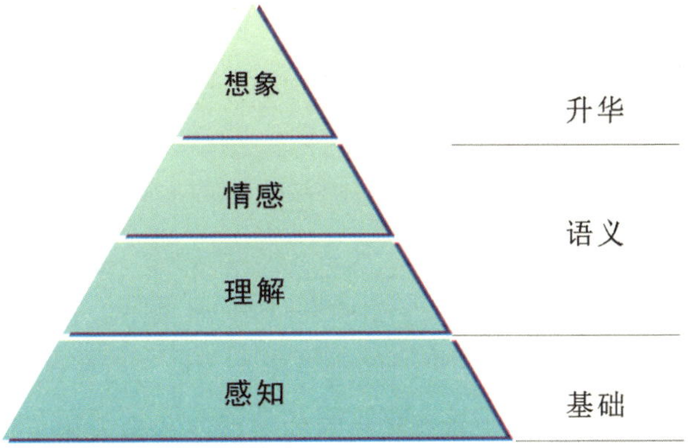

图3—18　构成审美意趣的基石

审美意趣表现为一种愉快的审美感情，这种意趣是一种积极的、使人乐于接受的经验。我们在评价产品时，往往是看这个产品的外观美不美，把“美”作为衡量产品的标准，就是因为美是一种具有感染力的形象（由色彩、线条、形体、声音等形式因素所构成），诉诸人的感官，影响人的思想感情，给人以审美感受。产品的美来源于产品外观形态。产品外观形态首先要满足产品原理、功能、结构、材料、生产工艺、使用、用户等方面的要求，要具备合理性。外观形态具备了满足上述多方面要求的合理性，其才具有意义。美与合理性兼备，产品才能满足生产、用户、市场的需求，才能在竞争中立于不败之地。两者的有机结合会对产品的审美、生产、销售、使用等方面具有积极的提升与促进作用，也是产品外观设计的更高境界。我们知道产品改变了自然界原有的感性形式，体现了人类的创造性、智慧和力量，也因此具有了符合人性需要的价值。人类往往根据自己对美的理解来制造产品，产品在满足实用、提供物质享受和精神愉悦的同时，也给人以审美上的满足。

现实生活中，外观美的产品不少见，而美与合理性很好结合的案例却不多见。美与合理性的很好结合是通往高品质外观形态设计的必经之路。如何把美与合理性结合在一起，是产品设计师必须深入思考的问题。产品的结构是产品原理、功能、使用方法、材料特性、生产工艺等方面内容的技术性的具体实现。在充分认识、理解产品的具体结构、形体特征的基础上，把结构的形体特征作为产品外观形态的主要特征，把结构的各部分作为美的形态构成要素来进行构想与设计，是促使产品外观形态美与合理性兼备及两者有机结合的有效途径。

二、多元语义的功能性审美特征

人造物都会存在着某种“意义”。但产品的“意义”是一个复杂的问题，设计及其造型变化的特性，会因周围环境因素的不同而不同。现代主义的审美价值观是建立在实用功能的基础上的，而这种实用功能是剔除了人类生活诸多内容的简单化功能。人的行为本身就是一系列的符号操作过程，产品不仅有使用功能，而且具有象征意义的功能，功能与形式并非现代派所说的因果关系。“形”作为一种符号，不仅是某种事物的代表，它还可通过本身意义诱发行为功能，“形”与“功能”是相互依存、互为因果的关系。

现代主义的审美价值观是建立在实用功能的基础上的，它强调美来自主观，来自功能与技术的有机结合，但结构主义强调系统自身，整体对于部分来说是具有逻辑上优先的重要性。因为任何事物都是一个复杂的统一整体，其中任何一个组成部分的性质都不可能孤立地被理解，而只能把它放在一个整体的关系网络中，即把它与其他部分联系起来才能被理解。它认为美不是来自主观，而是来自客观，竭力证明美存在于主客体之间和谐的关系中。结构主义设计哲学的兴起，打破了功能主义一统天下的格局，另一方面它用科学理性的方法开拓了被现代主义者忽略和遗弃的非理性领域，从而使工业产品包含更多的人文、情感因素。

著名工业设计师伊姆斯（1907—1978）于1945—1946年期间，对复合夹板热压成型技术不断探究，最后采用夹板热压成型设计出了一个结实、廉价且符合人机工程学的LCW休闲椅，这张椅子蕴含其中的审美情感令人叹服（图3－19）。椅子靠背和坐面的造型设计与人体工程学紧密结合，使之产生一种生理上的满足和舒适感，有机的造型传达出优美高雅的审美价值，围绕整体造型引发视觉上的愉快，LCW圆润的外形轮廓线与厚实的坐面和靠背剖面形成鲜明对比，逐渐变细的尖腿被赋予LCW休闲椅拟人化的视觉语言。再如1956年美国设计师艾罗·沙里宁设计的Tulip Side Chair（图3-20），它的自由形式是其功能的产物，并与某种新材料、新技术联系在一起。艾罗·沙里宁透过这张椅子的设计试图让椅脚变得更简洁，摆脱传统椅子四个支撑脚的结构，使用圆足的方式，使人们坐在这张椅子上腿部有更多的活动空间，并且不会压坏地面。同时，艾罗·沙里宁也注意到了美观的设计，Tulip形如一朵浪漫郁金香，也似乎像是一只优雅的酒杯。这件作品的创新之处在于采用了塑料和铝两种材料，以宽大而扁平的

图3—19　伊姆斯设计的LCW休闲椅

图3—20　Tulip Side Chair

圆形底座作为支撑，从下至上均以流线型为主，整个形体显得非常优雅舒适，材质语义和形态语义在这件产品上体现得非常完美。

不同的历史阶段有着其特有的时代符号，这就决定了每个时期不同的设计文化价值观念的基础。设计师的标新立异和价值观念的多元趋向使设计文化在现代社会的群体需求中得到了个性化的满足，这一点在当今时代显得越来越明显。

文化的多元化一定程度上决定了设计多元化、语义多元化及审美的差异性，文化的多元化对设计及设计教育必将产生重要影响。伴随20世纪80年代工业设计进入了多元化时期，通过对现代主义的反叛和新的风格的探索，工业设计成为多种风格并存多姿多彩的局面。多元文化为多元设计观念的产生及多元审美趋向的发展创造了良好的条件，只有对多元文化审美价值观和现代设计文化观进行不断的比较、思考、融合，使“文化共生”的观念深入人心，多元化设计价值观念才能够得到更好的发展。

思考与练习

1. 你认为视觉语言存在什么样的结构关系？
2. 从组成关系来看可以把视觉语义符号分为哪两个层次？
3. 你认为视觉语言组合的形式特征是什么？
4. 作为产品设计师如何对产品进行设计编码，请举例说明？
5. 请你谈谈审美意趣的基本构成原理？

4 第四章 产品形态语义的构成

本章重点介绍产品形态语义的构成，从符号学的角度对产品的外延性语义（明示意）和内涵性语义（伴示意）进行讲解。再对产品的形态进行简要分析，让学生了解产品的不同形态、色彩、材质所形成的心理特性。

产品的形态语义是指产品的外部形态所呈现或表达出来的语义含义。人们对某一事物的认识是从事物的外部开始，是一个由表及里的实践认知过程。例如针对某一产品，我们总是先对其形状、色彩、材质、纹理、体量、尺度有个直观的认识，随后开始了解其功能、原理、内部结构、操作方式，进而认识这一产品，取得一定经验，并把它作为一种形态语义符号记在头脑中，日后一旦提及这一产品，就会回忆这个实践过程，并把这一语义符号作为一种判断基础。人们在对任何事物的认知过程中，往往会不知不觉地动用头脑中许多记忆的语言符号。

第一节 产品语义的外延与内涵

以符号学的认知观来认知产品，则产品的形态就是符号的系统。产品形态这一视觉符号同其他符号一样也是由能指（表示部分）和所指（被表示部分）两个部分共同构成的。“能指”组成了产品的具体形态，“所指”则是产品形态传达出的意义。产品形态语义发展到现在，针对产品形态的特点对产品语义的构成进行了更新，指出产品形态语义包括两个不可分割的部分，即外延意义（明示意）和内涵意义（伴示意）。

一、外延性语义

产品，即使是最简单的产品，也都蕴含着许许多多的语义内容，向人们传递着形形色色的语义信息。在产品语义学中，外延性意义与产品本身有关，它在产品中是直接表现的“显在”关系，即由产品形态直接说明产品内容本身，借助造型、材质、色彩、构造等元素来表达使用上的目的、操作、功能和可靠性等内容。产品外延性语义所提倡的产品设计是一种实用性设计，运用外延性语义的方法论所做的设计是一种真实的设计。所谓真实的设计首先是真实在“形式追随功能”上，要想使产品的造型“能指”准确地表达甚至彰显产品的功能和使用方式“所指”，就必须使用真实反映产品的功能和使用方式的形式。

准确的表达，就是消费者对产品的形态与功能一看就能理解。明白无疑，不会引起误会。这就要求在形态上必须准确反映产品的功能，每件产品都是多种功能性的语义的复合体。因此，设计师要合理地运用形态来传递特定语义信息的方式，针对市场和消费者的需求，准确、鲜明地把握产品形态语义，设计出生动美观的，为市场和消费者接受与欢迎的产品。就产品的认知而言，清晰和有条理地表达产品的功能语义一般包含产品的主要功能语义、产品的使用功能语义以及材料与结构功能语义三个方面。产品的形态要准确反映产品功能，就是产品的功能必须在形态上能够正确地反映出来，让使用者看一眼就知道如何使用，这是设计的基本要求。产品形态语义是对实践经验的理性总结，人们头脑中，对某一事物的形态语义符号一经确立，就难以改变。设计师在设计产品时，对这种先入为主的语义符号现象，必须引起高度的重视。产品是为消费者设计的，应该借鉴消费者的生活经验进行设计，这样创造的形态，才会被市场认可。

产品的用途，在看到产品的一瞬间便已知晓，产品的功能主要由一至两个因素来构成。如图4-1所示的文件碎纸机，其主要的功能是碎纸，但除了碎纸以外，还需要兼顾储存纸屑的功能，只有兼具这两者，才能构成这个产品的主要功能。围绕这两个主要功能因素，产品的功能形态注意了机器功率的大小——其机头部分壳体展现，进纸口的形状表达了进纸的形式和进纸的方向，进纸口的长度表达了可碎纸张的大小，进纸后的宽度反映了可碎纸的数量，纸屑斗的形状与大小，表达了纸屑储量的大小。

图4-1　得力碎纸机

产品除了主要功能实现的要求外，其形态语义还要指导产品的操作，即产品的功能语义。如产品的操作形态是落地式、台式、移动式还是便携式，界面的操作在空间、控制器、控制符号指示上要清晰准确、简洁易懂，操作显示器字体大小及亮度要在人眼舒适易识别的范围内。

图4—2　牙刷设计

产品的外延性语义对产品既有指导的作用，还兼具产品功能的拓展以及功能的组合作用，多功能型的产品在生活中变得越来越多，为生活提供了更多的便利。如图4-2所示的牙刷的设计，在刷柄处增加了一处镂空，牙膏可以从此处插入进去，这样可以最大化地挤出管内的牙膏，解决了由于手部挤压导致压力不均而顽固积存的膏体，同时，牙刷开口穿入牙膏，又可以起到收纳牙刷的作用，出门旅行时携带方便又实用。又如图4－3所示的伸缩式扳手的设计，通过可滑动的形式符号及易操作的控制按键的设计，增强了扳手的长度，提升了扳手可操作的范围区域，解决了传统扳手的不足。再如图4-4所示的水龙头设计，清晰的控制界面设计，反映了产品的操作及功能语义，传统的一键开水在做饭时显得不容易把握，那么试试这种量化的智能水龙头吧，需要多少就点击相应的区域，既方便又实用，同时还能节约用水，避免浪费。

图4—3　伸缩式扳手设计

图4—4　水龙头设计

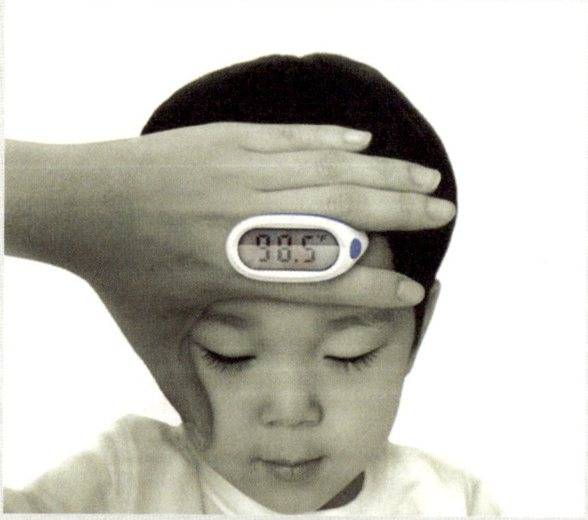

图4—5　儿童电子体温计

一切产品和物品都通过符号的表征元素及物理属性形象地展示其功能、属性、特征、结构件的有机关系。使用者利用这些明确的语义符号，结合以往的生活经验，作出指导性的判断。例如图4－5所示的儿童温度计的设计，从形态上完全抛弃了传统温度计的形态，转而从一种关怀的习惯性的行为入手，合理地减轻了儿童对于测量发烧的恐惧感，从设计的角度优化了产品的人性化。产品的外延性语义是通过在产品的形态设计构思中很好地抓住生活性的语义符号经验，并通过合理恰当的设计手法在产品上表达出来，使得产品从功能和情感上都充满了温度。

另外，产品的外形材料的选择必须合理，产品的主要功能所需的承受力，对材料的硬度有一定要求，同时，产品的材料对所适用的环境也有密切的联系，如室外产品要考虑到兼具耐高温、防潮、防水的户外气候特点。产品的形态反映了产品的功能，但还须考虑到安装、维修的问题，必须符合市场要求，必须注意产品的形态、结构、工艺等外部因素，产品形态离不开材料、工艺、结构而单独存在。设计师要根据产品的功能、使用方式、受力情况等因素，准确地选择合适的材料，然后确定材料及成形的工艺，成形设备，并且还要解决成形过程中的工艺缺陷问题，技术性的问题也是属于产品语义需要考虑的问题。（图4－6、图4－7）

图4—6　地下垃圾箱

图4—7　伞具收纳产品

产品设计是一种多因素交叉的综合体，产品的设计离不开消费者以及消费者的使用环境和使用行为，因此，设计的任务就要把多因素进行全面的综合、协调，从而把它们组织整合成一种合理、开放、具有体验性的过程。产品设计既有易用的功能目的，同时也有美观的审美目标。精美的产品形态，使得产品在精神层面得到了舒展，结合鲜明的时代特征，符合市场流行趋势，这样的产品必然符合消费者的社会属性要求及企业品牌特征。产品是时代的产物，它反映了一定历史时期的经济、技术、文化、社会现状。每个时代由于科学技术和物质内容的不同，产品形态表达的语义就不同。在当今的信息时代，我们要把握产品形态的流行趋势，并且预测新一代产品的形态语义特征。

信息时代的加速，为产品也带来了智能化的进展，智能化的升级使得产品在产品的语义上更趋于简洁，科技感十足，具有较好的审美情趣。交互设计更加方便和人性化，能获得较好的体验。（图4－8、图4－9）

产品的外延性语义是产品的外在形式，它的形式逻辑为产品带来明晰的操作方式，使得产品易读、易懂、易操作，是产品设计的基础，但这个基础是产品品质的核心力量和品质保证。

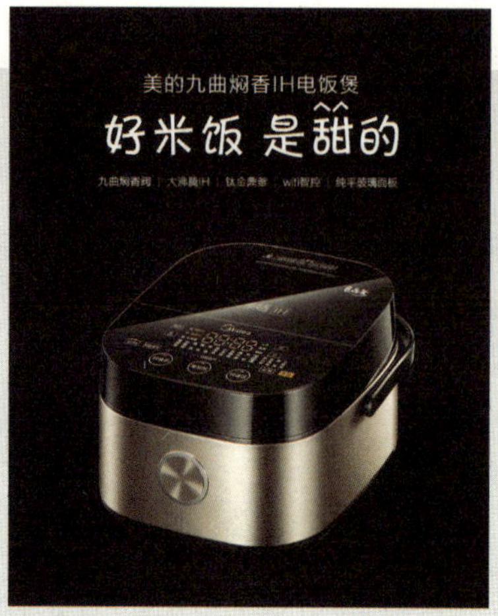

图4-8　美的智能电饭煲FZ4005XM

图4-9　Folded Java Maker折叠电热水壶

二、内涵性语义

内涵性意义与指称事物所具有的属性、特征等因素有关，是未能直接表现的“潜在”关系，即由产品形态间接说明产品内容本身以外的东西，也即产品在使用环境中显示出的心理性、社会性、文化性的象征价值。例如，消费者认为产品有某种现代、未来的感觉，或通过产品感受到一种时尚的生活方式，或从中感受到一个高性能的、让人值得信赖的品牌形象——这种意义只能在欣赏产品形态的时候借助感觉去领悟，使产品所反映的精神和消费者的内心情感达到某种一致。内涵性意义是外延性意义的补充，在使用环境中显示出心理性、社会性和文化性的象征价值，包括个人的情感联想、意识形态和社会文化等方面的内容，它比外延更加多维，更加开放。产品的内涵性语义是建立在人们有意识的联想基础之上的，体现着产品与使用者的感觉、情绪或文化价值交汇时的互动关系，而不像外延那样表现为无意识的反应。

从认知心理学上看，产品的外延性语义的组合可以上升到复杂的内涵性语义上来，使得产品具有新的品质。它表达了对事物比较整体的认知判断，即我们所指的生命知觉、运动知觉、空间知觉、体量知觉等一般知觉。但知觉还有更高的层次，它与人们的情绪、精神有关，这就是情感知觉。几种知觉组合起来，再加上人们的文化、经验、记忆、思维等因素，知觉上升为情感。设计导入情感这一认知语义，使得产品具有了人情味、亲和性，是当今设计的重要特点，这是一种比较高级的语义。

如医疗用品设计（图4－10、图4－11），即是体现产品内涵性语义较好的一个题材。传统的医疗产品由于医疗科学严谨的要求，产品设计大多较为刻板，这也导致了产品的冷漠化，这给病人，尤其是幼儿和老年人带来了诸多情感上的抗拒。现今，通过研究患者的心理状况，对产品的语义进行再次编码，在保证医疗产品的主要使用功能及安全使用的条件下，运用产品更具人性化的语义符号，抓住儿童的情感需求，将传统的输液瓶的外观设计成了气球的形式，减轻了他们输液时的焦虑，使孩子从心理上降低了抗拒感和哭闹，利于病情的治理，同时也更利于医疗工作者的专业性操作。除了幼儿，老年人群体对输液同样具有情绪的不安感。老年人由于生理性机能的下降，输液过程经常要往返于洗手间，传统的输液瓶就显得非常不方便，改进后的输液瓶变成了挂肩式的，便于患者的移动，输液不再被限制在座椅或病床上，体验感上升，情感上得到认可。

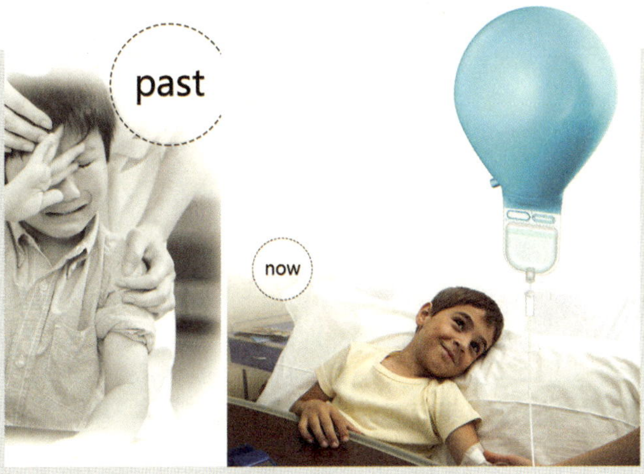

图4—10　儿童输液袋设计

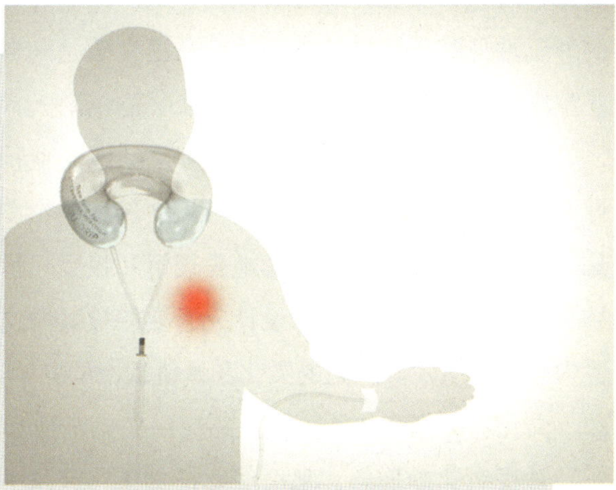

图4—11　成人输液袋设计

没有外延性意义的产品便不能称为产品，内涵性意义组织得再好也无存在的意义。但内涵性意义不能单独存在，它寄寓在产品的形态、色彩、材质、声音等元素之中，与形态融为一体。从而使其成为内涵性意义的物化形态，通过视觉、触觉和联想及使用时的刺激使得消费者在情感上达到某种共鸣。内涵性的设计目标是最难有效表现的。内涵性意义，体现着产品与用户的感觉、情绪或文化价值交会时的互动关系。

人们总是充满了某种情愫，它来源于生活中的回忆。回忆会引起联想，产品的内涵性语义借助某些能够传达共鸣的形式符号唤起使用者的青睐，以致达到产品在操作时的情感共鸣。产品设计中符号隐喻修辞的运用，能够使人们从全新的视角认识事物和感受事物，丰富人们的物质世界和精神世界。相比以表达形式层面为主的显性隐喻，隐性隐喻意在拓展事物的深层意义方面，更加具有创新性和研究价值，能为产品设计提供多样途径。

例如图4－12所示的拟人型的取核器设计，造型时尚可爱，利用诙谐可爱的手法将产品的功能寄寓在产品的内涵性语义之中，产品的功能感直观，操作简便，同时又令使用者感觉产品有别于以往的取核器过于机械或单调的个性，显得别具一格。取核的过程就如同在喂玩偶吃水果，其如同朋友一般陪伴在你身边，亲切感十足。特别容易受到女性群体及低龄群体的喜爱。又如当你看到如图4–13所示的的婴儿床时，你会有什么样的

图4－12　取核器设计

图4—13　儿童床设计

感觉，温暖而安稳，舒适而柔软，从产品的外延性来看，这款儿童床设计选择了鸟巢的形态，但透过它的外延性形式反映出的内涵性产品语义确是来自于母爱的感觉，抓住了幼儿依恋感强的需求，使得这款儿童床的设计增强了情感性而受到儿童的喜爱。

工业设计不仅仅是单纯的策划活动或企业行为，它已经成为一种社会生存方式。作为社会行为的设计活动必定受到所处社会环境与人文传统的影响。优秀的设计往往能反映其内在的文化或人文精神。文化与精神内核需要人们能动地去理解和接受，因此往往会形成一定的地缘性认知特征，尤其是蕴含了传统文化的产品设计。各种设计元素要能被共同文化圈所识别并认同，这种认同性至关重要，它能在用户的内心深处引发其所处的文化和价值观上的共鸣。

文化的弘扬和传承不仅是指应用文化产物本身，更深层的是对其内涵意义进行拓展应用。“象征”是一种被理智化的形象，那么“象征文化”就是一种应用于理性设计的途径。在产品设计中隐喻的传统文化，就要正确处理“传统”和“创新”的关系。传统是需要传承的民族精神，创新是与时俱进，以科技手段促进发展。如古币形的U盘设计（图4－14），利用我国古语“书中自有黄金屋，书中自有颜如玉”道出知识的重要性。古币形U盘是由两个U盘组合而成，除了在存储量上具有一定的优势以外，它的设计形式道出了一种暗示和启示——知识的重要性。这样的一个设计就是利用文化这个媒介将产品创造出了一种新的形态，赋予了产品新的意义和生命力，同时，古币的符号化形式又使得产品烙印上了中国化的印章，使得这款产品设计具有了中国特色。同样，如图4－15所示的青花韵办公用品的设计，青花瓷是我国瓷器的主流产品，也是我国传统文化的代表元素符号之一，青花瓷制成办公用品作为礼品成了馈赠外国朋友的首选。这是文化符号给产品设计带来的情感交流，也是文化符号参与到产品设计中的魅力体现。当世界舞台上各国竞相展示着设计的产品时，具有独特文化魅力的产品必将立于主要位置，这样的产品是具有生命力的产品。

图4—14　古币U盘设计

图4—15　青花韵办公用品

产品设计是外延性语义与内涵性语义的统一。外延性语义是产品存在的基础，是第一性的语义传达，它较之产品造型的内涵性语义表达更为直观，更为理性，更为逻辑化。而内涵性语义是以外延性语义为前提的，二者相互关联。由产品语义的外延性和内涵性理论可知，产品语义学所提倡的并不仅仅是现代主义设计大师沙利文所提出的“形式追随功能”，而倡导在此基础上的一种理性与感性并重，功能与情感相统一，且更为开放的设计思维。这种设计具有更多的理念维度，是一种立体的全面的设计思想。

第二节　产品形态的心理

产品基本信息的沟通都是借助于产品的形态来完成的。产品通过它的形状颜色传达它的功能用途，用户能够通过外形立即认出来这个产品是什么东西，用它可以干什么，它具有什么具体功能，有什么要注意的，怎么放置等。产品的形态能够有效地指导产品的操作信息，是设计师和消费者沟通的桥梁。对于与用户操作过程有关的内容，例如把手、按钮、显示屏等产品部件，设计师应当采用视觉对行为直觉的引导和指示来设计产品，以致消费者能够准确地理解产品的外延语义，操作简便，容易掌握和使用。例如，旋钮和按钮的设计，其形态是有区别的，在同一产品上出现时，能够迅速地辨认出来。产品的形态心理能够起到使用方法的沟通，使用户能够自然掌握操作方法。判断一个产品的设计是否成功，最简单的方法是看用户能否不用别人教，自己通过观察、尝试后就能够正确掌握它的操作过程并学会使用。好的设计允许用户自己进行任意操作尝试，而不会损坏产品，不会造成产品的误动作，不会对用户造成伤害。例如图4－16所示的水龙头的设计，改变了传统的水龙头的形象，取而代之的是环形的形态，水管的开关设计为旋钮的形态，柱形，有一处凸起的接触面，大拇指按住凸起处，向上旋转，水龙头打

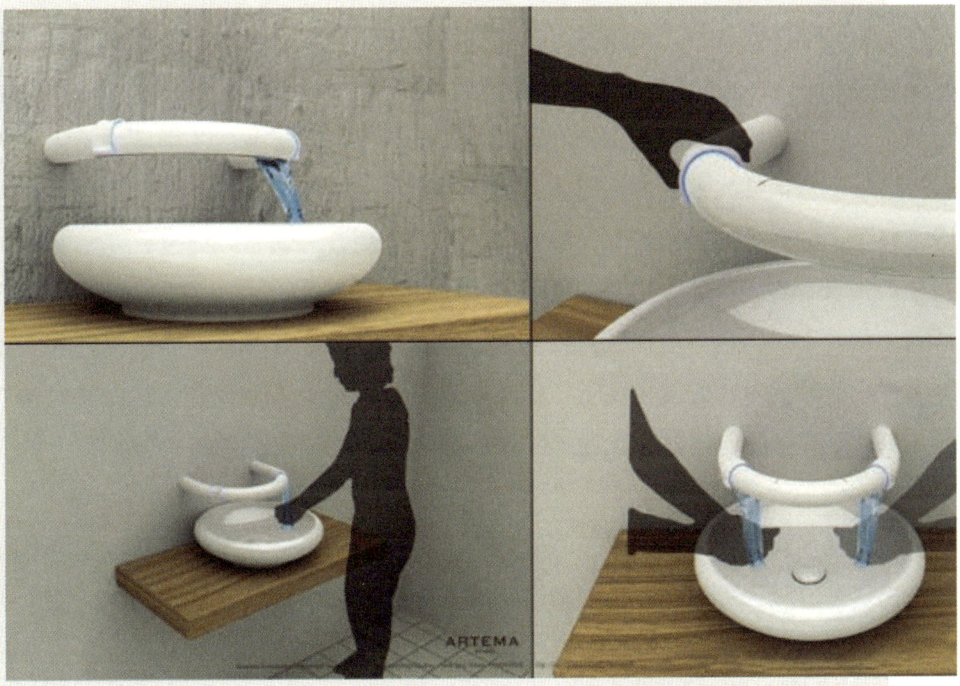

图4－16　卫浴产品设计

开，向下旋转，水龙头关闭。环形水管设计了两处开关，两人可同时使用。这个水管设计形态简单，其形态语义的心理引导作用较为明确。

从产品形态的构成形式上来说我们可以大致分为点材、线材、面材、体块（详见本书第一章第二节）。点材的特征在于大小变化，点材是使用最多也是最广泛的造型元素，点材在产品形态构成中可单独存在，也可以呈平铺形态或组合状态存在。它构成的形式受到产品界面需求的影响。线材的特征在于长度和方向，在空间上具有一种紧张感、速度感，在结构上细腻有弹性，对空间有一定的影响。线材分为直线和曲线，直线代表了理性、果断、现代，曲线代表着速度、变化、时尚、装饰。产品形态中的线材主要是指产品的轮廓线、结构线、装饰线、风格线等。在形态设计中通常将线分为三种，一种是以实际的线体来表达的线，一种是依附在产品表面的线，还有一种就是面的边缘线或面与面的交接线。用实际的线体进行表达时，一般都是应用线的粗细、长短、曲直以及线的构成方式去进行表现，在产品设计中，依附于产品表面的线不仅仅可以改变产品的造型形态，还可以使产品具有动感。现在普遍运用于家电中的装饰线条，相同的外观形态下不同的装饰线条给人的感觉完全不同。面和面的交界线或面的边缘线可以是直线也可以是曲线。通常情况下，现代的产品面的边缘线都为曲线，这是由于现代产品尤其是日常生活用品的表面都以曲面为主。曲面较为柔和、多变且表达力丰富，这样可以使人们更容易接受，更容易满足人们的心理需求。面材的特征是轻薄，可塑性强，可适应造型的要求，使得产品具有新的视觉感受。在产品中面材的使用度极高，面在产品设计中，可表现为多种形态，如平面、弧面、折面、曲面等。其表面可以根据材料特性按对比法则进行多种肌理效果的制作，如平滑、粗糙、颗粒、磨砂、镀金等，使各种美学元素的冲突得以强化。体块是完全封闭的，具有独立的空间，具有稳定感和体量感。在任何一件产品中，点、线、面、体等基本元素的应用都不是孤立存在的，它们之间相互影响、相互作用。若想设计出好的产品造型，必须综合考虑其点、线、面、体的关系。

产品的形态还受到色彩的影响，色彩具有冷暖、轻重、进退、华丽与朴素、积极与消极等心理特征。产品所使用的不同色彩会使人产生不同的情绪反应，或兴奋，或冷静，或高贵，或优雅。这些不同的反应，是产品色彩情感表达的基础途径。色彩设计可被理解是色彩本身的反映，同时它又能唤起某种相应的表象或感觉，深入人心，富含深层审美情趣，满足产品存在于人们心目中的某种所需形象，它是直觉的综合体。在不同的国家、民族由于地理环境的差异，形成了各自的地域性特色。这种特色经过长时期的发展，造就了该地域人们的生活习惯、风俗习惯和文化信仰等各方面的不同，具体表现在人们的气质、性格、兴趣、爱好等方面，因此，他们对于色彩也会各有偏爱。红色，在中国被认为是吉祥、喜悦的色彩；在新加坡，红色表示繁荣和幸福，在日本则表示赤诚；但在英国，红色则被认为是不干净、不吉祥的颜色。从性别上讲，一般来说，男士偏爱无彩色系，女性偏爱高饱和度色彩。根据实验心理学研究，人出生一个月后就对色彩发生感觉，随着年龄的增长、生理发育的成熟以及对色彩的认识、理解能力的提高，由色彩产生的心理影响随之产生。4~9岁的儿童较爱红色；10岁及以上的儿童或青少年较爱绿色；青年人喜欢明快、活泼的颜色；中老年人则喜爱比较深沉、稳重的颜色等。随着年龄的增长，伴随着生活经验和文化知识的丰富，色彩的偏好则来自生活的联想。比如，儿童的色彩心理主要是受周围环境、食物、玩具、服饰等具体颜色的影响；成年人则较多根据社会生活实践而抽象的结果。性别年龄对于色彩情感的表达影响是较为直接的，个体的差异性为色彩的选择提供了更多的方案考虑。色彩的心理特征，能够辅助产品语义的选择及强化。

材料作为产品构成中的一个要素符号，是人们思想意识之外的一切物质，是产品功能和技术的物质载体，是实现产品形态的物质基础。材料是伴随着人类社会的发展而发展起来的，人们对材料的应用也是由低级程度走向高级。在设计语言的演变与发展上，材料对设计观念的变革起着至关重要的作用，不仅因为材料使设计得以存在和彰显，还因为材料使设计语言得以物质呈现。材料的创新为产品的形态提供了物质基础，使产品多样化成为可能，对新材料的研究、开发，是推出新品种、新式样的源泉，每一种新材料的出现都产生了新的设计品种及不同的外观形态，为形态设计带来了新的创意和应用。材料作为设计的表现主体，除具有材料的功能特性外，还具有其特有的质感特征，其本身隐含着与人类心理对应的情感信息，不同的材质美感给人以不同的心理感受和审美情趣，通过材料表面的色彩、光泽、肌理和材料的质地，产生光滑与粗糙、粗犷与精细、透明与不透明、坚硬与柔软、冷与暖、轻与重、粗俗与典雅等生理感受。

例如不锈钢材料（图4－17），不锈钢材料的表面经过抛光，呈现出平滑、光洁如镜的质感，色彩感觉是一种冷金属色，素雅的色调偏向冷色，表现为一种理性的秩序感；同时，素雅的色彩可以满足宁静、朴素和庄重的视觉心理需要。而塑料是以合成树脂为主要成分（图4－18），在适当的温度和压力下，可以塑成一定的形状，且在常温下保持形状不变的一种材料。它的易染色、透光性的特征给予设计者以自由想象的空间。为了使产品更具有体验价值，最直接的办法就是设计者必须从视觉、触觉、味觉、听觉和嗅觉等方面对材料进行细致的分析，通过材料的表面肌理和颜色暗示其使用方式形成人们视触觉的暗示，使人感到技术的精确，从而更好地了解和使用产品，创造良好的情感体验。

图4—17　不锈钢材料

图4—18　塑料材料

随着现今产品的种类和款式的极大丰富，消费者在选择产品时越来越注重产品带来的感官体验，而触觉作为人的重要感官体验之一，设计师在产品设计中应重视触觉设计。人们早就发现手指尖上的指纹使把手的接触面变成了细线状的突起物，从而提高了手的敏感度并增加了把持物体的摩擦力，这种称为肌理设计的设计使产品获得有效的利用并作为手之用力和把持处的暗示。易操作界面来满足消费者的生理需求，更应通过产品造型体现出设计师对消费者的心理关怀。有研究指出，与人类情感最亲密的材料是生物材料（棉、木等），其次是自然材料（石、土、金属、玻璃等），然后才是非自然材料如塑料材料。一般来说，与人类越接近的东西，越令人感到亲切，更多一份感性因素。如同样是户外园林座椅，相同的造型，也就是说座椅传达给我们的功能和示意性语义是相同的，但在寒冷的冬天，冰凉的金属座椅和用热的不良导体木料材质的座椅给人的感觉就完全不同，在这里设计师所关注的就是人的情感，采用适合的材料用于适合的环境与产品构造。材料质感功能是产品设计表达中极为重要的部分，材料对人所起的感官刺激激发了设计师的无限创意。材料是产品形态的载体，所有的产品都涉及创造性地解决产品形态与材料之间的协调问题，形态如果被强加给一种不适宜的材料时，便会发现最终的艺术成果不但在审美上甚至在功能使用上都让人大失所望。材料的合理色彩配置、肌理配置、光泽配置，可以提高工业产品整体设计的装饰性，给人以丰富的视觉、触觉质感和美的享受。

思考与练习

1. 简述产品的外延性语义？
2. 如何理解产品的内涵性语义？
3. 简述产品的文化性与产品内涵性语义的关系，请举例说明？
4. 影响产品形态心理的因素有哪些？

5 第五章　产品的语义特征

产品语义学是一个涉及诸多学科的科学，是设计师与消费者之间的桥梁，也是当今设计领域中不可或缺的研究内容。从语义学的特征划分为外延性语义与内涵性语义显然是过于笼统的，不便于产品语义的应用与表达，本章从功能性语义、象征性语义、趣味性语义、关怀性语义和文化性语义等五个方面进行论述，并对产品设计中更为具体的语义形式及其特征做深入细致的分析。

语义的原意是语言的意义，是话语所包含的意义及情味。而语义学则是研究语言意义的科学。它是一个涉及语言学、逻辑学、计算机科学、自然语言处理、认知科学、心理学等诸多领域的一个术语。虽然各个学科之间对语义学的研究有一定的共同性，但是具体的研究方法和内容大相径庭。设计界将研究语言的构想运用到产品设计上，因而产生了“产品语义学”。如同伟大的诗人运用语言来抒发一种情感和画家描绘一种意境一样，产品作为一种沟通的媒介和生活的道具，同样可以表达许多不同形式的语义，这些语义按层次的不同分为外延性语义和内涵性语义两种。由于外延与内涵的划分过于笼统，不便于产品语义的应用与表达。事实上，在具体的设计实践中，人们更为关心的是产品要表达的语义“具体是什么”，以及“具备哪些语义特征”等细化问题。

我们大体上可以把产品的语义划分为功能性语义、象征性语义、趣味性语义、关怀性语义和文化性语义等五个方面，对产品设计中更为具体的语义形式及其特征做深入细致的分析。其中，功能性语义可归属于外延性语义的范畴，而象征性语义、趣味性语义、关怀性语义、文化性语义等可以统称之为内涵性语义。

第一节　产品的功能性语义

功能性语义，是指示产品机能属性及其功用的语义。好的产品不但要“可用”，而且要“适用”“好用”，并具备如下的语义特征：指示产品的功能及其使用方式。也就是说首先从产品功能角度去理解产品的形态符号本身，而产品形态符号可以通过产品造型的尺度、形状、比例及彼此之间的构成关系创设出一定的产品氛围，通过这种氛围的刺激，激发使用者根据自身的生活体验产生产品功能与使用方式上的联想，促使人与产品之间构成一种生理、心理上的和谐关系。功能性语义强调实用性，但它不是单纯形式上的简化，而是要通过形态语言的自我说明来实现这一目的。例如椅子的设计上，从其形式的外延性语义层面理解：它是以满足人的“坐”的行为为基本出发点，办公椅、餐椅、吧椅、休闲椅、专用椅等各种功能性的椅子，都是以坐的基本功能为依托进行功能拓展的同时辅以曲、直、方、圆等多种造型要素的组合，以满足人们坐的多种经验需求。如芬兰著名设计师阿尼奥设计的“球椅”和“泡泡椅”(图5－1、图5－2)，这两款就像太空舱一样的椅子告别了由支腿、靠背和节点构成的传统家具设计形式，成为独立的单元座椅，一问世就抓住了大家的眼睛。在设计上大胆前卫，彻底颠覆椅子的传统形态概念，取而代之的是令人瞠目结舌的球体形式，球椅的外部形态是从圆形的球状体中挖出一部分使它变平，形成一个独立的单元座椅，而人们凭借经验从其半围合的产品形态中直接明确这是一张不同于以往造型的艺术化座椅，并且半围合形态形成了一个相对封闭的个人空间，可以满足私密性的功能要求。

图5—1 “球”椅

图5—2 “泡泡”椅

图5—3 防水U盘

语义学的目的是要使产品成为一个用来沟通和表达的媒介。产品功能语义能够帮助人们更快地掌握了解功能以及操作方式，在产品设计时充分考虑产品的功能性设计，准确使用产品的功能是产品设计语义表达是否准确的标准。在使用产品时最先需要得的信息无非就是：①这是什么？②如何使用？例如由俄罗斯设计公司manworks design推出的一款塑料制成的防水U盘（图5－3)，形态设计上为深水炸弹的形状，通过这样的产品细节设计，让人一看就明了这款U盘的防水功能，从而达到提示使用者的目的。可以说产品语义学在汽车上的成功运用使操作真正实现了“一目了然”。

从心理学的角度看，人们接受新产品是一个认知的过程，产品设计师可以通过产品语义的相关设计来加快或促进使用者对新产品的适应，一般来说，产品的外观可以向使用者传达关于产品如何固定、安放以及物体相对位置等方面的信息。可以向使用者传达关于当前工作状态方面的信息；可以提示使用者如何正确地操作等。如果一件简单产品的使用都需要图片、标签或说明书来辅助的话，说明该产品的设计并不成功，至少功能语义不够明确。

也就是说，好的设计建立在人们的感性直觉基础之上，好的产品会让产品自身的操作使用方法不用借助说明书而自我表达出来，所以好的形态设计就是从产品的形态符号出发，通过特定的造型设计或者细节的形态相似性，来实现特定的使用方式。如图5-4所示的方便找到锁眼的V形锁，当深夜加班结束回家开门时，周围环境漆黑一片，很不容易找到锁眼，V形锁通过在门锁造型上的V形槽的设计，让钥匙顺着门锁上的V形槽自然移动到锁眼位置，而V形槽这个造型细节，很明确指示出使用方法，引导人们体验这个创新设计给生活带来的方便。再如图5-5所示的LogiCool鼠标，把手的设计根据人手抓握的特征进行凹凸处理，强调了人与物之间的某种交流，具有明确的操作暗示。

图5—4　V形锁

图5—5　LogiCool鼠标

当然，产品功能性语义的合理表达离不开对人生理和心理特征的深入研究，这就要求在设计中，采用符合人使用习惯及视觉思维的造型符号，整合加工工艺、材料、色彩等要素，依据人机工学原理，重点考究在使用过程中好拿、好放、好用，使产品的把手距离恰当、粗细适度、机理自然、材料耐骤冷骤热，并提高生产效率，降低资源消耗，消除环境污染，实现可持续发展。例如图5－6所示的Panton椅，这把在1960年创造出的丹麦椅子，没过多久就被列入了古典家具大典。它是全世界第一张用塑料一次模压成型的S形单体悬臂椅，Panton椅具有优美的线条，以及重量轻、好清洗、塑料耐用有弹性等优点，适合各种风格，而且室内外都能放，堪称搭配之王。其曝光率非常高，举凡民宿、餐厅、居家、公共空间都有它的踪影，具有超强的搭配性，这可以说是现代家具史上的一次革命性突破。

图5—6　Panton椅

第二节 产品的象征性语义

象征性语义从属于内涵性语义，是指产品在使用过程中体现出的社会性、心理性或文化性的象征价值，是用户欣赏产品时借助感觉去领悟到的东西，传达出的是一种感性体验，是用户与产品产生的内心的共鸣，而产品形态的象征性语义则是从产品形态要素中的象征性符号出发并由此产生联想，从而领悟到这个产品“怎么样”。当前，我们不能再将产品看作是单一的有形个体，而是应该演绎为一种身份、文化、观念、习俗、时代的象征，并通过产品的造型符号传递出来，成为功能之外的附加价值，而这正是产品象征性语义的主要特征。

在设计师看来，产品的形态、色彩、材质等要素都是组成产品的符号形体，这些符号形体要素本身就具有独特的象征性语义。形态的象征性语义首先界定产品传达的情感，为符号表现内容定下基调。规整的几何形态带来的是现代感和工业化的呆板；无拘束的有机形态则给人自由随性和富于变化的惊喜。色彩在情感上具有强烈的象征意义：红色代表热烈和温暖、白色为纯净和稳定、绿色代表自然和生命，应用到产品设计中能够让人联想到环境保护以及可持续发展等方面。不同的材质也会产生不同的象征语义，例如玻璃、塑料、金属产品具有鲜明的工业气息，带给我们强烈的现代感；木材制作的产品则饱含大自然的亲和力，让我们的生活回归自然。在设计过程中，设计师运用某种特定组合的符号形体来表达某种抽象的意义或感情，这样的过程，使符号形体本身的象征性语义更加饱满。

在当今物质生活相对丰富的时代，人们对产品的选择也有着自己的审美观和价值观。正如皮埃尔·杰罗斯所说：“在很多情况下，人们并不是购买具体的物品，而是在寻求潮流、青春和成功的象征。”比如，SONY公司2009年推出的CW系列笔记本电脑设计（图5－7），这款笔记本将时尚界最具潮流的红色、白色、粉色、黑色、蓝色作为自己的主色调，可满足不同人士的个性化需求。除此之外，CW还推出了由中国创意中心设计的粉色和黑色定制化外观，供个性消费者选择。设计师将大量的时尚、个性元素融入产品形态中，并通过材质、色彩加以表现，突破了电子产品单一灰白的局限，转而强调更具内涵的象征价值，让人耳目一新。

图5—7　索尼CW系列笔记本电脑

一般来说，具有某种象征意义的产品与使用者的沟通，不仅仅局限于简单的机能式的生理沟通，而更强调产品与人的情感交流和对话。传统的“形式追随功能”的观念正在逐渐改变，产品设计变得愈来愈以使用者为中心，在某种程度上被时尚、个性、文化、经济状况所左右，成为一种象征符号。使用者往往通过联想，在自己的符号储备中寻找共鸣，挖掘具有象征意义的元素，寻求精神价值的满足。例如瑞士设计师Nicolas Thomkins从中国古典哲学中获取灵感设计的太极椅（图5－8），该作品荣膺2007年德国红点奖最高奖项“最佳设计奖”。整个设计由两个高分子聚合纤维编织的座椅组成，古铜为阴，银白为阳。沿着阴阳的交界，传统现代和谐交融，单独成立，双而圆满，较好地利用了太极阴阳图这一元素。

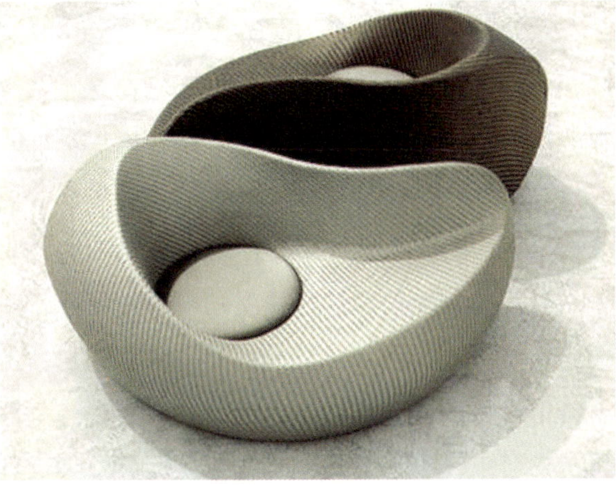

图5—8　太极阴阳椅子

当前，人们已经清楚地认识到象征性语义在现代产品设计中较为突出，并作为产品语义的一个重要方面被强化，但其思想内涵其实在古代的人造物中就一直备受推崇，且一直演绎到现在。它们历经时代、环境的改变而发展，沉淀出无数的华章，而大浪淘沙，堆积到今天可谓是层层叠叠，极大地丰富了现代设计文化，拓展了产品设计的造型语言，众多的文化沉淀已经成为今天产品象征性语义表达的重要介质。

第三节　产品的趣味性语义

产品的趣味性设计从消费者主体的情感出发，重视产品使用者的情感性，也就是重视物与人的情感上的交流性。产品的趣味性，具体可分为：生趣（从生动、灵活方面表达趣）、机趣（从机智、灵巧方面表达趣）、谐趣（从诙谐、滑稽方面表达趣）、雅趣（从雅致、灵秀方面表达趣）、情趣（从情爱、情致方面表达趣）、天趣（从自然天性方面表达趣）、理趣（从理智、聪颖方面表达趣）、童趣（从儿童的角度表达趣）、拙趣（从憨态可掬方面表达趣）、奇趣（奇、特、反常规）等多种语义特征。设计者通过在产品的造型、色彩、功能等方面注入视觉形态的生动性与形象性，并赋予其人的情感、个性和生命，使产品具有滑稽性、幽默性、好奇性、幻想性和亲和性等，从而带给使用者新奇、有趣的感受，使人们自然而然对其产生情感。趣味性产品既亲切又时尚，轻松而又幽默的视觉感受不仅满足了人们的基本需要，而且满足了现代人追求轻松、幽默、愉悦的情感需求。

这些趣味语义设计，主要是通过趣味化的造型符号来表达的，即在满足基本功能的前提下，将各种可爱、幽默、卡通、搞笑的符号和元素融入形体设计中，同时结合人的情感取向，作意向化的细节处理，进而带给人们意外的“惊喜”。

一、造型的趣味性

产品通过造型获得了自身的终极形态和外观。造型本身是产品视觉语言的媒介物，从这种意义上说，设计一种产品就意味着设计一种产品语言。它以特有的语言形态传达出产品的精神内涵。造型的艺术表现力是人们获得认知和审美效应的依据。造型作为设计构思的直接现实呈现在消费者面前，成为沟通设计师与消费者的桥梁。造型语言也是产品审美形态的直接构成物，造型的趣味性能唤起消费者一定的情感体验，创造出产品特有的情调和氛围，并指向一定的趣味性审美理想。

造型的趣味性设计从视觉角度来说更能打动人，线形的长短、曲直的组合、体量的对比等组成了造型的外观样式，它可以是几何形体或卡通形象的，可以是抽象的或拟人性的，也可以是夸张的等，以此来传达产品的趣味性。产品通过其不同的造型形象引起人们的不同联想，形象的鲜明性是造型独特的表现，它可以突出产品的趣味性，从而不致使自身淹没在同类产品的汪洋大海之中。如图5-9所示是一个儿童分格拼图餐盘的设计，它是采用了小飞机的造型特点。小飞机造型是孩子们喜欢的造型，将小飞机餐盘进行了分格设计，这种可拆卸的分格设计，不仅可以有效地防止饭菜串味，更在分格设计上开发了儿童智力，激发儿童动手能力。它在清洗的时候也方便，只需取下来需要清洗的饭盒，洗干净后儿童可以拿着干净的饭盒把它放在该放的位置上，这样可以培养儿童的动手能力，还能让儿童感受到进餐的乐趣，让儿童享受进餐的过程，增强了儿童与餐具之间的一种互动性。

图5—9 儿童分格拼图餐盘

图5—10 棉签瓶

二、色彩的趣味性

色彩的喜好本身是一种感性思维，它是人类情绪的表达，影响着人们生理与心理感受。在消费者购买产品影响要素的调研中发现，色彩所占的比重高达60%，因此色彩在设计中处于一个相当重要的地位。通过色彩的扩充联想或者是将多种色彩附于形态之上，利用色彩语义暗示产品功能，传递意图，并且通过对颜色明度、纯度、色相的改变来调整强调产品的趣味性。通过丰富的色彩给环境营造不同的趣味空间。如图5-10所示的斯特凡诺·乔瓦诺尼设计的棉签瓶，通过不同颜色指示棉签瓶盖的功能的同时，使产品充满趣味性。

三、功能的趣味性

产品的设计是以功能效用的发挥作为核心和目的的。离开了功能效用而去刻意追求形态的趣味性是毫无价值的设计。功能的趣味性不仅仅是指单纯意义上的基本的使用功能，而且要在使用功能上作细致入微的考虑，考虑使用者使用过程的体验，给使用者带来不同的生活方式和享受生活的趣味性。那种更具有设计意义的生活方式，含有更为理想化的功能设置与追求，亦带给人们更多的温馨乃至意外的趣味性。例如图5－11所示的名片夹设计，这是典型的韩国设计，将便笺纸、名片夹在两个啤酒肚中间是一种趣味，更是一种理智的协调。

随着社会的发展，具有趣味性语义特征的产品越来越受到消费者的青睐，也被称为是一种流行的时尚。尤其是随着生活压力的不断增长，人们开始有意识地通过使用趣味产品来放松情绪，这在韩国、日本等国家尤其明显。(图5-12)

图5—11　名片夹设计

图5—12　功夫香插

第四节　产品的关怀性语义

关怀性设计在具体的实践中是指在设计居住空间以及产品时，力求从生态学、人机工程学、美学等角度，使人们得到空间享受并在产品的使用中体会安全性、舒适性、和谐性、美观性、趣味性和完美感，从而真正实现人性化设计以人为本的目的。对人的关怀，是工业设计最具人道主义和人情味的体现。在针对弱势群体进行产品设计时，由于他们在生理方面有着特殊性，这必然导致对许多产品有着特殊的需求。如果产品在满足功能的基础上，体现了对人尤其是特殊人群，如老人、小孩、病人、残疾人、孕妇、左撇子等的关怀与体贴，那么这样的产品必将更受顾客的青睐，而这正是关怀性语义的主要特征。

关怀性语义的准确表达，离不开对生活的仔细观察和对人性的深刻研究。设计师需要严格遵循人机工学原理，借助合理的造型符号，赋予人生理和心理上的多重关怀，让用户在使用过程中情不自禁地被感动，并最终演绎为一种情感的寄托。产品设计崇尚“以人为本”，这里的“人”具有多层含义，既可以指在不同场合、不同时间、不同心情的同一个人，也可以指不同年龄、不同身体条件、不同性别、不同身份等的各种不同的人。本章重点围绕残疾人、老年人、儿童三类人群进行讲述。

一、残疾人用品关怀性设计

据统计，目前全球共有各类残疾人10亿多人，约占全球总人口的15%，其中80%分布在发展中国家。我国的各类残疾人总数达8500多万人，也就是说不到20个人中就有一个残疾人。

最初残疾人产品的设计研究只是医学界的课题。20世纪60年代后期，欧美的设计师们试图以设计的手段使这部分特殊群体获得全新的产品和环境。自此，出现了许多从功能及形态上专为残疾人提供便利或增加生活能力的优秀作品。

由于残疾人生理上的缺陷所产生的功能障碍，使得他们在正常范围内实现某种活动的能力受到一定程度的限制，从而也造成了心理上的自卑，觉得自己不能较好地融入社会。运用关怀性的设计理念进行残疾人用品设计，不仅可以弥补他们在生理上的缺陷，同时在心理上也可以得到安慰和鼓励。

根据残疾人的基本特征，设计残疾人用品可以从以下几个方面入手。

（一）充分应用人机工程学理论

残疾人用品的基本要求就是要弥补残疾人生理上的不足。生理上的特殊需要要求设计师必须根据人机工程学相关理论，严格按照残疾人用品相关规定和标准进行结构和造型设计。如图5－13所示的爬楼梯的轮椅，轮椅的设计必须按照残疾人尺寸标准进行设计，并且通过产品的功能更好地为使用者服务。

（二）利用多种感官系统同时传递信息

针对身体某一感觉器官不能正常工作的残疾人进行的设计，可以通过多种视觉、听觉等感官系统来传递或者反馈同一信息。如图5－14所示的音乐闪光振动报警壶，这款水壶是由安徽开聪公司开发的KCAK－003无线闪光开水报警壶，它除了有常见的听觉报警功能，还可以通过振动和闪光来提醒使用者。

图5—13　爬楼梯的轮椅

图5—14　音乐闪光振动报警壶

（三）增加辅助装置

对于一些城市公共设施产品而言，它们面向的是所有大众。为了使整个环境的统一性不受破坏，可以在基础公共设施中增加一些辅助设施来满足残疾人的特殊需求。例如2008年北京奥运会期间建设的五棵松奥林匹克篮球馆卫生间的设计，就是通过在公共卫生间设置扶手的方式为残疾人提供方便（图5－15）。

（四）简化产品操作程序

尽可能地减少产品的操作步骤，同时，产品的操作必须具有一定的秩序和规律，可以使残疾人很容易就掌握其操作程序，并可以大大提高操作效率。如图5－16所示，通过开关进行电动操作的牙刷无须使用牙膏牙刷设计，就有效地解决了独臂残疾人刷牙的问题。

图5—15　残疾人卫生间

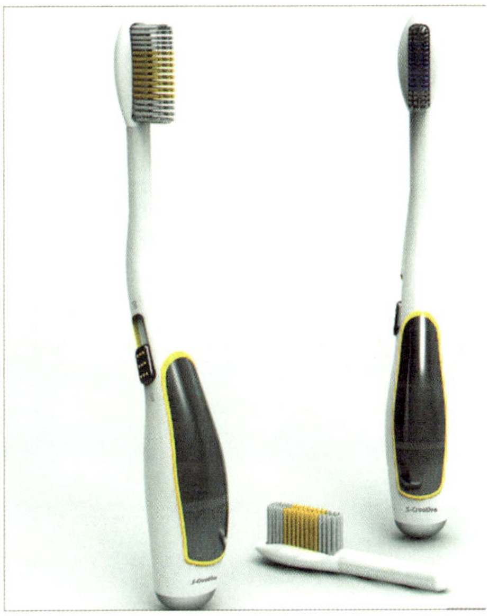

图5—16　电动牙刷

（五）情感化设计

残疾人的生理需求固然重要，但是他们的心理需求仍然不可忽视。人性化的产品设计中必须要体现人文关怀，特别是面向残疾人的产品设计中要力求体现社会大众对残疾人的认可与关爱。例如图5－17所示的Voim盲人手机，它具有硅胶盲文屏幕，还具备路线导航、字词识别和目标识别功能，通过手机上的相机对物体进行识别，并转化成音频信号传输到蓝牙耳机上，文字形式则是用同样的方法把所拍照的文字转换成盲文。挂在胸口上，可察觉到前方的路线以及景象信息。再如东风扬子江无障碍公交车的设计（图5－18），其整车造型与一般公交车无异，特殊之处在车后门，那里安装着无障碍装置，看上去是三级踏板，乘客可以踩着上下车，但只要司机或乘务员一按遥控，踏板会自动升降，最低一级踏板降到与地面平齐的位置，等轮椅移上来后，再遥控踏板上升，直至升到车厢地板的高度，轮椅就可以进入车内了。

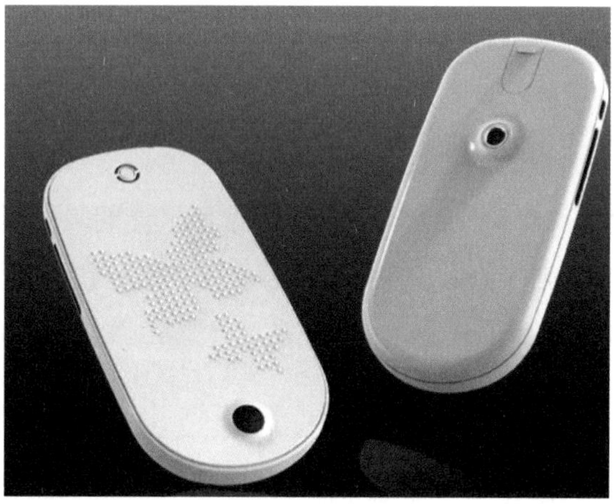

图5—17　Voim盲人手机

图5—18　无障碍公交车

二、老年人用品关怀性设计

随着人们生活水平的提高，人类寿命也逐年增加，全球人口老龄化的问题已经摆在眼前。目前，我国60岁以上的老人占人口总数的10%左右，约有1.3亿。面对这种形势，企业和设计师都必须重视为老年人的设计。人体在老化过程中，身体发生的生理、病理变化会直接影响到老年人的各种能力。因此设计老年产品首先要研究老年人的需求动机，结合老年人特有的生理和心理特点综合考虑。要根据老年人生理机能已经衰退、反应迟缓、动作不灵便等生理特征，为他们设计出更加安全、便利和舒适的生活用品和居住环境，同时也为设计和生产寻求更广阔的老年市场。

（一）老年人心理特征

老年期是人生的一个特殊时期，生老病死是从生长发育、成熟到衰退的缓慢的生理过程，是十分正常的。衰老亦是生命不可抗拒的自然规律，老化会导致老年人生理功能上出现许多障碍，比如视听力衰退、牙齿脱落、皱纹增加、行走不便、疲劳不易恢复和对疾病抵抗力差等。而在行为方面，老年人人体平衡能力下降，有很多老年人很难保持站立时躯体的自然平稳状态，易摔倒。同时，老年人步态特点随年龄发生很大改变，行动特点与其他人群有很大的区别，老年人走路时容易“拖拉”，步长和步频减小，步速下降等。因此，老年人行走时要量力而行，尤其要注意辅助产品及设施的选择和使用，以保证其人身安全。

随着年龄的增长，生理机能的减弱，加之中国传统的大家庭结构向小家庭结构转变，“空巢”家庭随之产生，绝大多数老年人都有或多或少的心理问题。伴随着子女的长大成人而渐渐远离父母的庇护，而且子女们因为工作经常不能及时看望老人，退休老人的生活状态与生活节奏发生改变，感到生活无味，内心空虚，情绪不稳定。尤其是一些身患疾病或身体虚弱的老年人，他们极其渴望自由与生活自理，需要与其他老人沟通，同龄人的宽慰会让他们心情舒畅。因此，设计与改造携带方便、人机设计合理的适宜于老年人的产品就显得尤为重要了。

为老年人设计生活用品时，必须注意的就是老年人特有的心理因素，例如许多老年人往往不愿意承认已经衰老的事实，或不愿意过分显示出自己的衰老；老年人希望在使用产品的过程中获得自信，因此老年产品要有便利的使用功能；老年人用品的色彩可以根据不同情况加以调配。如暖色调可以刺激脉搏、增加食欲；冷色调可促进精神松弛；对比色可明显地加以区分。

（二）老年人用品设计

在工业设计理念的指导下，通过对老年人需求的了解，以及对现有老年产品的分析研究，从以下几个方面展开设计。

1. 扩展产品功能使其适合老年人

现有产品许多针对年轻人，设计师有责任针对老年人的生理特点，强化产品的舒适性、便利性和安全性，设计出老年人能够独立地使用，满足老年人生理和心理需要的产品。要真正了解老年人需要关注他们的生活质量，从材料、外形、功能及舒适性等方面进行多种不同的改进尝试和特殊设计，为老年人开发出适应面广、舒适且个性化的产品。如图 5 – 19 所示，这款为老人设计的拐杖椅，就是把拐杖的功能进行扩展，方便老人的使用，在疲惫的时候还可以借助拐杖椅进行适当的休息。

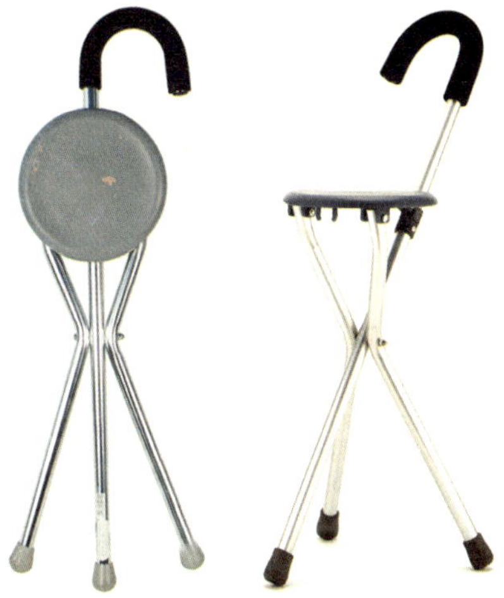

图5—19　拐杖椅

2. 提高产品的时代感使其适合老年人

老年用品在造型上要根据老年人不同的年龄阶段、不同的地域环境、不同的气候条件、不同的民俗习惯等差异性，做出相应调节。色彩上不可过于对比刺激，但是要一改以往大多数老年产品颜色黯淡、色彩单一的缺点，增加产品的个性化和时代感元素的应用。如图 5 – 20 所示是华为针对老年人而设计的 C7199 手机。其色彩采用红、白两色，一改传统老年人产品的灰暗，大大提高了产品的时代性。

图5—20　华为C7199手机

图5－21　21KE手机

3. 结构的简单化使其适合老年人

产品真正涉及老年人利益的是其所承诺功能的最终实现和安全可靠，不能让老年人在实际使用时发现问题，更不要将一些过于复杂的结构和功能强加于老年产品。例如图5－21所示的21KE手机是专门为老人们打造的一款简单实用的智能手机，旨在为老人与子女的沟通增加一些便捷。许多家庭的固定电话被淘汰之后，子女与老人的交流成了新的问题，21KE手机的出现不但能够让老人随时随地和子女联系，还能增加他们日常生活的乐趣。

三、儿童用品关怀性设计

随着全面二孩的放开，我国的儿童数量将会明显增加。然而，目前的儿童产品在市场非常活跃，因此，作为产品设计师应该充分地从儿童的生理特性、心理特性、安全特性出发进行产品的设计。

（一）儿童操作特征

儿童处于生理发展的高峰期，从牙牙学语到能说会道，从蹒跚学步到能走会跳，都将在这一成长关键期完成，因此儿童产品设计应该考虑到儿童期生理特点的因素，给他们设计合适的生活环境，使这个生活环境对儿童起到帮助和促进作用。儿童产品应充分体现安全性。对儿童基本特征的研究，目的在于使设计更能保障儿童的安全。儿童的操作特征表现为：动作的不协调性；身体力量的不足；身体的高度在童年的早期和中期会迅速增长；手的力量与年龄有直接的关系，至少在幼年的早期，力量和手的支配性与性别之间有一定的关系。

（二）儿童产品设计

在儿童用品的设计中，应该加入更多的情感因素，同时也要考虑儿童操作的安全性、简洁性和益智性等。

1. 情感性

儿童天生情感丰富，喜欢接近一些具有亲和力、充满生命力的情感性产品。设计师可以通过绚丽的色彩、卡通化或仿生的造型来吸引儿童的注意力，使他们获得精神的愉悦。例如2006年我国第一部中华传统武侠卡通片《虹猫蓝兔》的放映吸引了无数小朋友，利用主角的形象设计的儿童产品就自然受到孩子们的欢迎，如图5－22所示，虹猫蓝兔故事机就是利用色彩和卡通来体现设计的情感性。

2. 健康与安全性

安全性是儿童产品最重要的性能要求，也是以人为本设计理念的体现。只有健康、安全的产品才能使孩子产生信任感，才能真正被儿童接受。儿童在认知、心理和生理各方面都发展不成熟，身体各部分的器官比较娇嫩，自我保护能力较弱，又缺乏生活经验，特别是学龄前的儿童缺乏生活自理能力，但好奇心却很强，对周围感兴趣的事物样样都想触摸一下，需要家长的格外照顾，带有危险性的儿童产品会危

图5－22　虹猫蓝兔故事机

害儿童的健康成长。社会上儿童产品不安全的事故时有发生，儿童产品安全问题引起社会的高度重视。加强儿童产品的安全意识，减少伤害是设计师的职责。因此，儿童产品都应该最大限度地体现安全性。在设计中，产品的外部轮廓要避免有棱角，采用绿色材料，避免用易碎材料，这样可以防止儿童在使用产品过程中受到伤害。例如图5－23所示的这款儿童餐具的设计，在碗上增加了吸盘可以有效地防止儿童将碗打翻并避免烫伤，对勺子进行感温的设计，可以使家长较好地掌握食物的温度，也可避免烫伤。

3. 易用简洁性

产品的易用性是指在人和产品之间创造和谐的共存空间，使人和产品之间的关系更加融洽，使产品更加适合人的使用。重点要关注使用者的舒适宜人和赏心悦目的要求。要达到易用的要求必须对人自身有深刻的了解，只有这样才能在设计中表现出对人的尊重与体贴，才能更好地为人服务。易用性使产品易于学习使用，同时也考虑到人的舒适需求，从而可以最简单、最省力、最高效地达到使用目的。由于儿童在心理认知上都不成熟，在设计时要充分考虑到他们的认知水平和习惯，把握儿童理解的尺度和接受能力，使产品真正做到以人为本。最好让儿童一看就懂、一学就会，绝对不能存在使用障碍，为儿童创造一个轻松、愉快、感觉良好的作业与使用环境。如图5－24所示的儿童电话手表操作的界面非常简洁，同时结合了产品远程跟踪、拍照定位等功能，是一件很人性化的儿童产品。

图5—23　有感温的碗和勺子

图5—24　儿童电话手表

4. 益智性

图5—25　益智拼图儿童餐具

儿童的早期教育和智力投资越来越受到家长们的重视，人性化的儿童用品要求其在满足以上几点要求的同时还能开发他们的智力和创造力。这样有助于培养儿童的动手能力，也能使他们在操作过程中获得自信和成就感。如图5－25所示，新秀设计师Wendy Boudewijns设计的拼图益智型晚餐托盘曾经获得2007年德国红点设计大奖。这款专为儿童所设计的餐具包含刀、叉、杯、盘、汤匙及托盘，底部还加上了止滑功能。鲜艳亮丽的颜色，经由视觉的传达，可以帮助小朋友更喜欢餐盘中的食物。大大的叉子、汤匙及刀子也帮助小朋友更容易使用，且均采用品质安全且合格可靠的材质，让选购的父母能安心给小朋友使用。另外，是否注意到每一件餐具它们固定的位置呢，包括餐盘在内也是不规则形状！如此不但可以训练小朋友的逻辑能力，一定要固定的方向才能摆得进去，同时，也能及早训练小朋友西餐餐具的摆放位置。

通常来说，关怀性语义的准确表达，离不开对生活的仔细观察和对人性的深刻研究。设计师需要严格遵循人机工学原理，借助合理的造型符号，赋予人生理和心理上的多重关怀，让用户在使用过程中情不自禁地被感动，并最终演绎为一种情感的寄托。

第五节　产品的文化性语义

一、产品设计中的文化性特征

在当今时代，设计师已经充分领悟到文化对现代设计的重要影响，但凡是优秀的设计，总蕴含着深厚的文化内涵。设计作品是现代物质文明和精神文明的统一体，它不仅体现了现代文化精神，也反映了现代文化的面貌和民族、时代、地域等文化特色，设计作品不仅是简单产品，也是一种新的生活方式，体现出一种新的文化。因此，我们必须充分考虑产品的文化功能，最大限度地满足消费者的文化心理，引导人们的审美观念和审美需求。

（一）物质性（可视性）

产品的文化与广义的文化不同，不是抽象的精神财富，而是社会意识形态和文化思想的物化形式。这种文化性可以通过产品的色彩、造型、材质等介质来承载，这些文化元素都是可视。另外，产品的文化性也可以通过产品的使用功能来体现，这也是可视的。即使产品被赋予抽象的象征价值，也是由产品自身表现出来的。

（二）地域性（差异性）

在文化的发展过程中，由于民族、地区、时代、环境、过程等因素的影响，不同的地域造就了不同的文化，由于人们的文化背景不同，对同一产品都有不同的理解。例如同样是饮食用具，东方人习惯用筷子，西方人则习惯用刀叉，器具的形式不同，但使用的目的、意义却相同。再如“龙”的符号，在中国是天子、尊贵的象征符号，也是中华民族、中国文化的象征，但是在西方文化中，龙却是邪恶的生物。

二、文化符号在产品设计中的应用方法

（一）承其形

在现代产品设计中，直接符号化并不等同于片面的符号标签，多以典型符号为基本元素加以重新设计，从这些符号化的元素中体现出产品的文化特征。作为产品设计的基本元素，无外乎造型、色彩、材质和意义，而与之对应的直接符号形式是形态符号、色彩符号、材质符号。值得强调的是，在以具象的形式语言表达抽象的精神内涵时，产品并非都以单一的符号形式表现。在此引入“文化符号”的概念，对应产品设计中“意”这一基本元素。因此，文化符号可以理解为传达文化精神的综合性符号语言。

从形态角度出发，以简单的“形”重新设计出产品的“型”，是直接符号化在现代产品设计文化表现中最常见的形式。这种“形”和“型”相似的联想最容易体现出产品的文化特征。比如丹麦家具设计大师Hans J. Wegner设计的“中国椅”系列作品（图5-26），是在明式扶手椅的基础上通过简化、西化、同斯堪的那维亚风格相结合等手段逐渐演变而来的，Wegner经过几次尝试进一步简化“中国椅”中的中国传统元素，去掉了全部中国古典建筑形态的构件，简化了扶手的曲线和支撑的数量，继续简化靠背元件等，但是最终设计师还是通过形态体现了浓浓的中国风。

图5—26　中国椅

从色彩角度出发，现代产品设计中典型的色彩符号体现了产品的文化特征，是直接符号化在现代产品设计文化表现的另一种常见形式。中国红不用多说，这个以故宫红色宫墙颜色为典型符号的色彩，已经作为中国文化的典型象征符号被全世界所接受，在中国风格的产品设计中常常被使用（图5-27）。

图5—27　海尔空调KFR—26GW

从材质出发，现代产品有着明显地域特点的材质作为产品的重要符号传达出产品的文化内涵。如图5－28所示的井冈山旅游纪念品，这些产品采用当地盛产的毛竹为原材料进行加工制作，由于产品极具中国材质符号而体现出浓郁的地方文化。

图5—28　井冈山旅游纪念品

（二）传其意

想要产品的文化特征传神达意，就必须依靠设计师对文化有着较为深刻的理解。通过对文化的透彻理解，将视觉符号和设计元素很好地融入产品本身之中，甚至把文化内涵贯穿整个设计过程，才能形成独特的风格，这也是体现产品文化特征的最高境界。这种间接的符号化手法使产品具有特别的气质，虽然没有了符号标签，但仍能在众多产品中脱颖而出。

例如图5－29至图5－32所示的奇瑞瑞虎8，奇瑞设计师从大自然中的大型猫科动物老虎身上汲取设计灵感，强调感性、动感、流畅的设计元素，同时在细节设计上又独特个性。虎是中国文化传统的一个极其重要的组成部分，长期以来，它一直被当做是权力和力量的象征，也一直为人们所敬畏。中国虎文化源远流长。国人对虎的认识，经历了从崇拜、敬畏，进而模仿、利用，再到规避的过程。奇瑞瑞虎8的前脸设计粗犷、大气，代表了奇瑞品牌前脸设计的未来趋势。奇瑞将这个颇具冲击力的车头称为“虎踞”式前脸，面积巨大的进气格栅强调出了整车霸气、张扬的性格。前大灯部分，“静若虎踞，动若急湍”式设计，大灯模仿了老虎紧盯着猎物时的神态，故此得名“虎瞳”。C字形黑色网格像是两颗呲出来的虎牙，与“虎踞”式前脸设计语言相吻合。通过延伸至车身侧面的尾灯线条，视觉上增强了车身的横向宽度。尾灯造型的设计灵感源自我国传统木构建筑中的窗棂，尾灯点亮后光线向两侧延伸，犹如红色丝带般包裹着车尾。在现代产品设计中，虽然摆脱“形而下”的可见可感的具体内容似乎会让设计陷入困境，但瑞虎8的设计表明，从“形而上”入手，将文化特征的符号间接化、内涵化的表现也能催生成功的设计。

图5—29　奇瑞瑞虎8

图5—30　奇瑞瑞虎8前脸设计

图5—31　奇瑞瑞虎8前大灯

图5—32　奇瑞瑞虎8尾灯

产品设计的本质是一种文化创造，它作为一种策划活动，把科学技术的进步和社会文化的进步结合在一起，实现了新产品的开拓，这是一种在知识综合基础上的文化整合过程。在产品文化内涵的体现上，有多种方式，运用文化符号只是其中的一个体现文化的因素，在产品设计过程中应充分考虑多种因素，从而更好地体现产品的文化内涵，提升产品的品质。

总而言之，产品语义学重视的是产品与人沟通的能力，试图使产品形态作为产品意义传达的手段，在实现基本功能的前提下，进一步强化产品象征价值和心理价值的研究。我们应该清楚地认识到功能性语义是第一位的，而象征性语义、趣味性语义、关怀性语义、文化性语义等则是功能以外的情感价值体现。功能价值和情感价值的协调统一，亦是产品语义外延与内涵的完整表现，更是产品语义的思想精髓。

思考与练习

1. 简述形态语义学的特征有哪些？
2. 你如何理解产品的功能性语义，请举例说明？
3. 简述产品形态语义的象征性语义，并利用象征性语义设计一个产品？
4. 收集资料产品语义学的案例，并且按照特征进行分类。

6 第六章　产品形态语义设计程序与方法

本章主要从用户研究、背景分析，语义分析和整合以及语义提炼和设计延展等三个阶段介绍产品形态语义设计的程序，再通过产品形态语义的认知和构建以及产品语义的修辞手法来介绍产品形态语义的设计基础，最后重点讲解了如何利用语义学在设计中的使用方法。

第一节　产品形态语义设计程序

一、用户研究、背景分析阶段

产品形态语义的设计离不开对用户的研究，用户研究是以用户为中心的产品设计流程中的第一步。它是一种充分了解用户，通过研究他们的目标、需求与关注点来帮助企业做正确定位的一个关键点。用户研究的首要目的是帮助企业定义产品的目标用户群，明确、细化产品概念，并通过对用户的任务操作特性、知觉特征、认知心理特征的研究，使用户的实际需求成为产品设计的导向，使设计的产品更符合用户的习惯、操作和期望，并且能够适时地引导用户。

用户研究的方法很多，有焦点小组、用户访谈等。例如联想研究院的用户研究采用多种用户研究的方法，包括深度访谈、焦点小组、可用性测试等，同时采用实验室观察法，这样可以很好地观察用户的各种言行，如何使用这个产品，在使用中遇到什么困难，如何解决，通过观察可以发现产品的潜在问题和用户的操作习惯等，为以后的设计或者是创新打下基础。或者是采用观察者的日志记录等方式，这样就能够长时间地观察用户的行为模式、生活习惯、产品使用情况等。

设计团队在产品设计过程中了解用户需求非常重要，只有确定了用户需求，才能保证产品可以满足具有不同目标的用户和产品设计的成功。通过实地考察了解产品被使用时的环境及情形以理解产品发挥作用的来龙去脉，寻求意义的动线。在“视觉日记”中发现一些特点、亮点和差异点，作为产品语义分析的有效补充，是设计时的主要依据。设计团队将不同层次的数据、信息、知识等转换为不同的理解：

从二手资料中抽象生成意义，从用户研究中看到产品与产品、产品与人、人与人之间的关系，从用户体验和交互行为中捕捉形象。以4G手机设计为例，设计师应该针对不同人群做出相应分析，预测4G时代人们使用4G手机的行为习惯，从手机的整体外观、按键、摄像头、操作界面等方面做出相应的形态语义构想调整。

二、语义分析、语义整合阶段

设计师将研究阶段所获取的知识转化为设计概念。在前期进行全面充分有效的调查研究之后，针对典型用户模型，详细描述生活情景，并将生活情景划分为若干个使用情景，分析使用情景出现的频次和重要程度，据此深入理解目标市场中的代表性人群，尤其是其生活方式、生活体验和使用方式，从而确定产品的外观、感觉、功能和使用目的。例如我们可以把4G手机中的这些设计元素和手段看作符号，把这些符号经过创造与加工变成手机外观中实际的形态语义。4G手机外观设计实质上是运用构成原理对各种造型符号进行组合、排列，从而说明产品的特征，表达产品的品质功能。

4G手机的造型符号一定要把握其普遍性。因为手机是大众使用的产品，平实近人的符号才能为大众所接受。如果设计师花费了大量时间，运用很多创新符号，结果设计出的手机不被客户接受，那么设计师不必抱怨客户的不理解，而应该花更多时间与客户、消费者沟通，设计出大家都能理解的造型符号。所以说符号的普遍性在4G手机外观造型设计中显得尤为重要。手机造型符号本身包含两层含义：一是表达手机的一些特殊功能；二是体现使用者的精神需求、价值取向和消费文化。手机功能符号促进人们对手机使用方式的理解，这些造型语言告诉人们怎样去操作一部新的手机，怎样在最短的时间内加深人们对手机的认识。通常一些造型符号能具体到告知消费者每个按键的用途及使用方法。(图6–1)

图6—1　联想A788T　4G手机

三、语义提炼、设计延展阶段

通过语义分析整合后，进行语义提炼、设计延展阶段，追求时尚化、差异化、个性化的形态符号。语义提炼是一个演绎过程，是一个循环的认知过程。它可能由一些最初的不能理解的感觉或概念开始，不断在使用情景中一幕幕场景、一组组关联发现呼应，进一步明确假设的内容，并围绕解释学背景循环展开。在此过程中，根据人、社会、文化、经济和环境的需要，对决定主要功能的条件进行分析，针对市场的具体要求进行具体设计。

在语义锻炼、设计延展阶段要注意以下几点：

1. 产品语义表达应当符合人的感官对形状含义的经验，人们看到一个东西时，往往从它的形状来考虑其功能或动作含义。如看到“平板”时，会想到可以“放”东西，可以“坐”，可以用它作垫板来“写”字。“圆”是什么动作含义？可以旋转或转动。“窄缝”是什么含义？可以把薄片放进去。用什么形状表示“停”？用什么形状表示“硬”和“软”，使用户生产什么感觉？“粗糙”“棱角”对人的动作具有什么含义？

图6—2　布丁豆豆智能机器人——早教智能机器人

如图6-2所示，在设计布丁豆豆的腰部旋转轴时，尝试突破采用5°的倾斜转轴，为视觉效果带来巨大提升。这个设计让布丁豆豆在静态时有了前倾的动势，视觉上显得更加亲和友好。除此之外，设计师在布丁豆豆的头部和身体两侧设置多个交互触摸区，小朋友可以通过抚摸、拍击、抱持等动作和机器人进行交互，而布丁豆豆也会做出相应的动态及表情情绪反馈。这种拟人化情绪表达系统，让布丁豆豆具备了更强的交流能力，以及更加真实的“生命力”的交互体验，该产品整体造型以圆润、柔和的曲线为主，充满亲和力。

2. 产品语义表达应当提供方向含义，物体之间的相互位置，上下前后层面的布局的含义。任何产品都具有正面、反面、侧面，正面朝向用户，需要用户操作的键钮应当安排在正面，但是计算机的电源开关往往安置在计算机的背面，给用户带来不必要的麻烦。设计必须从用户角度考虑仪表的“正面”表示什么含义？“反面”表示什么含义？用什么表示“向前运动”“后退”？怎么表示“转动”“左旋”“右旋”？用什么表示各部件之间的上下位置关系？怎么表示“立放”“横放”？

如图6-3所示的小米米家电动滑板车，从车架到配件都采用统一简洁的几何设计语言，在设计极简外观的同时，还兼顾了用户使用时的每一个细节感受。操作上设计了简单易上手的一键按钮，甚至连线的走向和配色都反复推敲修改，只为让它成为一款耐看好用的滑板车。

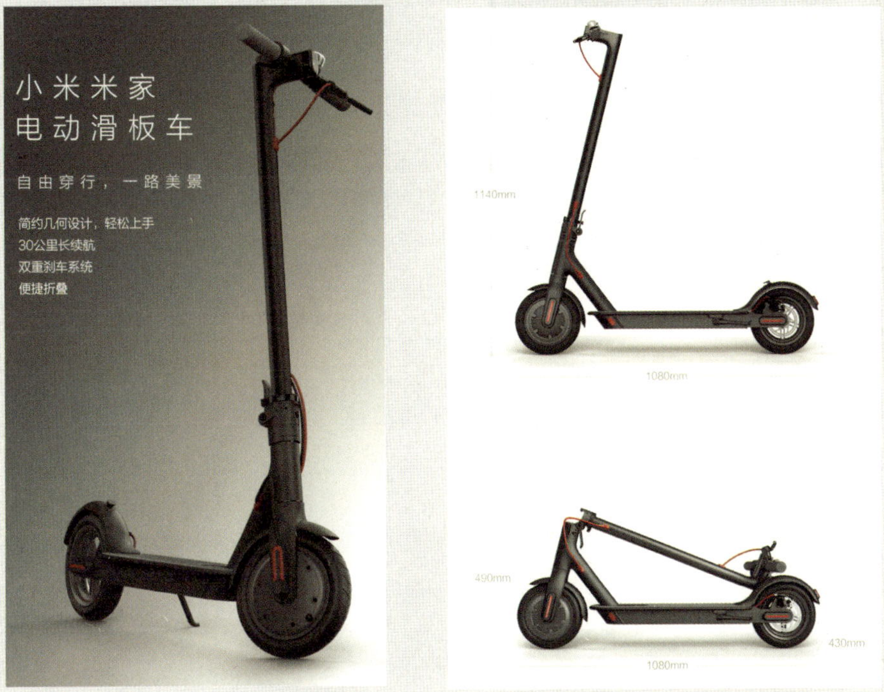

图6—3　米家电动车

3. 产品语义表达应当提供状态的含义。电子产品具有许多状态，这些内部状态往往不能被用户发觉，设计必须提供各种反馈显示，使内部的各种状态能够被用户感知。例如，用什么表示“静止”“断电”“正常运行”“电池耗尽”“结束”“关闭”“锁定”?

如图6-4所示，InstaView作为LG第三代门中门冰箱，最大的亮点就是无需打开冰箱门，也可以看见内部存放的食物，让使用过程更加方便省电。冰箱的右侧配有一块29英寸触摸屏，只需敲击两下，触摸屏便会转变为透明模式，方便用户直接查看食物的摆放位置，并更快地取出。

InstaView也依然保留了LG门中门的双层设计，只需打开第一层便可轻松取出饮料，避免冷气跑掉。冰箱下方还配有一个可自定义的储藏抽屉，用户都可以随意选择温度，无论是冷藏还是冰镇都是没有问题的。

4. 产品语义必须给用户提示操作。要保证用户正确操作，必须从设计上提供两个方面的信息：操作装置和操作顺序。许多设计只把各种操作装置安排在洗衣机面板上，用户看不出应当按照什么顺序进行操作，这种面板设计并不能满足用户需要，往往使用户不敢操作，他们经常考虑一个问题：“如果我操作顺序错了，会不会把洗衣机搞坏?”许多用户在操作计算机、电视机、电熨斗、录像机、VCD、DVD，以及许多仪表时，都会产生这种疑问。因此，设计必须提供各种操作过程。

如图6-5所示，这台洗衣机着迷于其优雅的极简主义。它是一个用户友好和灵活的设备，特别令人印象深刻的是舒适的操作和用户指导。它的清晰设计知道如何做，没有任何多余的元素，以这种方式，实现特定的形式和功能的统一。进一步精美的设计解决方案是自由悬挂的鼓和装载舱。

图6—4　LG　InstaView冰箱设计

图6—5　W4086C.W洗衣机和旋钮

第二节　产品形态语义设计基础

一、产品语义的认知与构建

（一）产品形态语义的认知

人类认识世界是从感觉和知觉开始的。人们感知事物时需要以注意为前提，并从众多信息中将有用的信息筛检过滤，储存到记忆系统，继而形成表象和概念。人在认识事物时会联系和抽象这些事物的内外部规律。这是人最基本的心理过程，它包括感觉、知觉、记忆、想象、思维和语言等。认知是一种复杂的过程，通过这个过程，贝尔森和史提纳在《人类行为》中说："人们对感官的刺激加以挑选、组合，产生注意、记忆、理解及思考等心理活动，并给予解释成为一种有意义和连贯的图像。"人脑接受外界输入的信息，经过头脑的加工处理，转换成内在的心理活动，再进而支配人的行为，这个过程就是信息加工的过程，也就是认知过程（图6-6）。

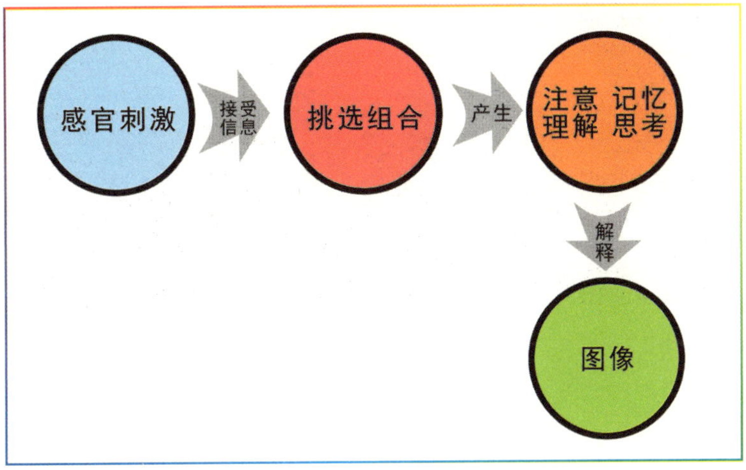

图6—6　认知过程

产品的认知行为之所以会发生，是因为在产品获得可以满足人的某种物质需要的实用功能的同时，这种功能会在人的头脑中与产品的形式联系在一起，逐渐建构成一种模式。这种模式通过社会的文化机制传承下来，就成为人们识别、使用和创造与此相类似的新的产品的内在尺度。产品的语义认知是指对产品形态语义的领会和掌握，是以理解为核心的形态破译过程。在认知过程中，通过产品造型符号对使用者的刺激，激发其与自身以往的生活经验或行为体会相关的某种联系，使产品被识别并做出相应的反应。

当新的认知活动开始的时候，新的事物首先通过其外在形式刺激人的感觉器官，传递给大脑，形成一个映像模式，然后大脑再将这个映像模式与其已有的模式相匹配，如果匹配成功就会被认知。

（二）产品形态语义的构建

产品语义的构建是对形态的创造、重构、提炼，它是用挤压、组合、加减、排列、造型等基本方式对形态元素进行整合，完成构建目标的过程。基本的点、线、面等形态是复杂形态的基础，产品语义的构建，就是要用简单的基本形态来搭建复杂的语义体系。除了造型之外，语义的材质、色彩、图案等表面属性也是语义传达的重要方面。产品语义的形态构建须注重审美。审美是形态的宏观印象，也是形态构建的深入的内涵因素，它能引起人的情感共鸣。

产品节点通常是产品操作的关键部件，每一个部件都有对应的功能和形态意义。让信息传达准确，让信息与整体系统保持统一，减少错误理解和错误使用行为，都是形态节点的设计需要。每一个节点都是形态语义符号，这些符号包含产品的形态、色彩、肌理、材料等。例如盖特诺·佩斯于1969年设计的Up6安乐椅（图6-7）。一个酷似女性形体的产品和两个球形的软凳象征着世俗对女性的禁锢和女性不屈的抗争，它将艺术与设计完美地结合在一起。该产品在销售时被抽成真空，当打开遇到空气后，内部的聚氨酯泡沫通过聚合作用发生膨胀，直至形成最终的形状。不只是产品本身，就连空气也成了设计的一部分，通过膨胀的神奇过程展现出超凡的艺术感。

图6—7 Up6安乐椅

二、产品语义的修辞手法

产品意义的手法与感受，是设计师和人们互动关系中的一种呼应。当设计师心中想要表达某种意义，而必须透过实际物体的象征时，直接模仿转化，则人们立即可知其意。修辞是语义传达设计中非常重要的一种方法。修辞是一种表现技巧，也是对于事物进行阐释的方式，它可以蕴含沟通技巧，也可以蕴含审美方式，它与文化直接关联。

设计并非千篇一律，如果我们把产品类比成为语义系统，在产品语义认知的方法上，知觉系统是按照知觉类比原则进行的，例如类比、相似、想象、肖像。像语言文字一样，设计师在设计中使用多种修辞方法。

（一）隐喻

隐喻是一种形象取代另一种形象而实质意义并不改变的修辞手法。这种取代建立在两种形象相似性的基础上，被认为是最为普遍的一种修辞手法。是通过对本体物的逻辑推断构成类似对象的过程，它包含本体物、类似物以及两者之间的关系。它需要对本体进行抽象理解，是一种意向重构的过程，本体物和类似物之间的关系并非简单的物理或外在关联，而是与信息理解方式相关的。隐喻旨在以一种更为明显、更为熟悉的观念符号来表达某种观念，是在形象化中从意义出发的比喻。此外，隐喻的意义传达还常用旧经验说明新经验，通常选择与本体具有相似性关联的参考事物来替代本体，以易喻难，以具体说明抽象。例如堆摞起来如节节长高竹子造型的玻璃花瓶、“一叶扁舟”茶台设计（图6－8、图6－9），这些都是具象隐喻的具体案例。

（二）换喻

换喻是语义要素的替换，替换的两者在物理特征上通常有直接或间接的关联。与隐喻不同，换喻是直接替换，它建立在事物的类似关系的基础上，它是有比较直接的逻辑关系的。例如图6－10所示的摇摇木马，众所周知，马在古代曾是农业生产、交通运输和军事等活动的主要动力，是人们乘坐的主要交

图6—8　竹子造型玻璃花瓶

图6—10　摇摇木马

通工具之一，利用马的造型做摇摇木马就是元素的直接替换。再如图6－11所示的鱼形水温计也是换喻的典型案例。

（三）提喻

提喻是以某类符号中的一种符号或一种要素作为意向指代此类符号的过程。此过程中，利用特意、着重的手法突出事物的特性，达到将特征强化的目的。

提喻往往是抓住意向主要特征的表现方式，它有利于人对事物产生更加升华的认识。也就是说，使用提喻时包含了比没有使用提喻时更多的信息传达。在错综复杂的物质世界中，强调比平铺直叙更能让信息被人记住，例如图6－12所示就是利用古代乐器之一“鼓”的造型进行的音响设计。

图6—9　一叶扁舟茶台

图6—11　鱼形水温计

图6—12　爱国者SP—F061音箱

（四）讽喻

讽喻作为讽刺，可以有多种目的，如谴责、启示、明理等。它也是把另一层含义隐藏在通常是某种故事的作品之中的文学技巧。和隐喻一样，讽喻符号的形式看似意指了一个事物，但是它实际上意指着截然不同的事物。或者可以将讽喻看作是夸张性的隐喻，但讽喻和隐喻是存在区别的。隐喻所表现的一个形象对于另一个形象的替代，是建立在类似性基础上，而讽喻则是建立在差异性基础上。隐喻是帮助我们进行认知的，通常用另一个更为熟悉或者更为简单具象的定义模型，来表达所不熟悉的或者复杂抽象的事物。

图6—13 stand umbrella

因此在产品设计中恰当地运用隐喻可以提高产品的易理解性和易使用性。而讽喻则通过夸张的替代有意地破坏和颠覆对于一种事物的惯常印象和体验，不仅无法便于认知这一事物的真实属性，还会给认知带来困难，降低产品的易理解性和易使用性（图6－13），这也是讽喻容易受到诟病的原因。但其实合理地运用讽喻肯定不是追求形式主义强调美学价值，而是更强调其精神和文化价值，讽喻可以使设计传达出娱乐、调侃甚至戏谑的意义。设计师通过对产品的这种戏剧性设计，来表现与产品本身没有什么直接关系的游戏玩乐的精神和玩世不恭的态度，甚至是意识形态方面的企图。因此，讽喻性的设计是Norman所定义的反思水平的设计，绝对不只是关注外形的本能水平的设计，也不是追求使用乐趣和效率的行为水平的设计。（图6–14）

不同语意修辞的对比

修辞	特点	举例说明
隐喻	它是由本体物、类似物和两者关系构成的，它是建构在逻辑上的推断	通常竖起大拇指隐喻赞许；流线型的外形隐喻其速度快
换喻	它是由类似物的直接替换而新生的信息概念	白云像棉花糖一样是换喻的修辞；湖泊像镜子一样也是换喻的修辞
提喻	将信息强化而得出的信息聚焦效果，在语言中类似重音或是对于事物的强调	宝马（BMW）车头前脸两扇巨大的进气格栅，美式机车的巨大轮子
讽喻	它利用突出矛盾意向，强化语意表达，达到效果	软的汽车外壳

图6—14 不同语义修辞手法的对比

第三节　产品形态语义设计方法

如何利用语义学在设计中的使用方法，这里面包含对于造型审美的把握，对于形态意义的传达，对于形态与功能合理性的表现，也有对于深层精神层次的追求。

一、重复形成的秩序感

产品语义学认为理解产品，如同“阅读作品”，重要的一点在于产品将众多重复的信息反复作用于人的感官，从而把信息强烈地传递给观者，如同音乐作品中以各种变奏形式出现的主题，令人难忘。设计师在设计时常常以某个符号作为表现核心，使其反复出现，从而能将信息强烈地传达给用户。重复出现的信息不仅可以强调重点语义，而且通过语义的微变，也可以形成序列，形成秩序美感，从而形成语义系统。这种秩序或者系统包含着美感，也让人形成了鲜明的印象。（图6-15、图6-16）

图6—15　吊灯

图6—16　marshmallow沙发

重复可以增强认知印象，是因为在每次重复学习中，人们会在原有原型印象的基础上，不断补充增加新的特征元素，拓展和补充原型的细节，从而使其特征性让人难忘。在将产品信息推送给使用者的时候，为了强调信息，会使用重复的方法去反复增强信息，秩序感也增强了产品信息的节奏，加强了信息传递的清晰度。

（1）重复应当遵循某种规律，元素的不断重合层叠形成集群效应，能强化语义核心。如果在设计时不能让元素的语义指向一致，则在传达时会使意义分散无序，也就不能形成明确的语义。

（2）不同的重复规则能形成不同的效果。叠加的不同次序或是不同的秩序感也能形成不同的语义表达。

二、营造反差感

当两种元素在同一个产品设计中出现，将产生适度冲突的结果，而这也是让语义设计更加吸引人的技巧。通常我们反对平铺直叙，而跌宕起伏需要有一些相反的情节构成。新旧元素的冲突、色彩的冲突、造型形式的冲突、含义的冲突，语义冲突无处不在，对于冲突的解码通常建立在人的认知经验的基础上，通常包含历史、文化因素，所以，语义设计应当考虑理解的关联因素。

我们在修辞手法中学习到了“讽喻”的手法，意在加强反差，突出语义传达的修辞。在生活周遭，很多要素具有逻辑的或者是语义上的矛盾，比如“水与火”“硬与软”“粗糙和光滑”等。(图6-17)

图6—17　TP-LINK TL-TR861 3G无线路由器

三、变形与解构

语义有层次与系统，将形式结构打散重组，也就是改变语义层次的规则逻辑，就能改变整体的语义系统。符号的变形和解构是为了引人注意，进而引人深思，从而延长欣赏和接触的时间。经常接触的事物，人们总是容易忽略，一带而过，激发不起注意的兴趣。借助变形和解构的手法，破常立异，将为人所熟悉的设计符号变形，或打散破坏，重新组合成新的设计语言，既继承传统又有创新，是一种意象的再造。

“重构”一词源自解构主义，即破坏（打散、分解）某一系统内原始形态之间（或原系统之间）的旧构成关系，根据新的时代精神和创作者的主观意念，在本系统内或系统间进行重新组合或元素间关系的变形与移位，构成一种新的完整的秩序。

图6—18　圈凳

符号的变形和解构是深入探究构成符号的元素，将其抽离出来后重新组合，或者改变元素，让其形成新的格局。在艺术中，对于含义有不同的理解。产品和建筑一样，在不同时代和不同背景下有着不同的意义和解释。多价和多元的产品往往以其设计语言的创新性来吸引人，产生层层新意。例如我国台湾地区汉艺廊工作室的设计师，就让街头巷尾的塑料凳与典雅的明式圈椅结合，带来了别具一格的设计作品圈凳（图6－18）。再如意大利设计师Martino Gamper对意大师庞蒂的作品进行了重组从而形成了新的家具形态（图6－19）。

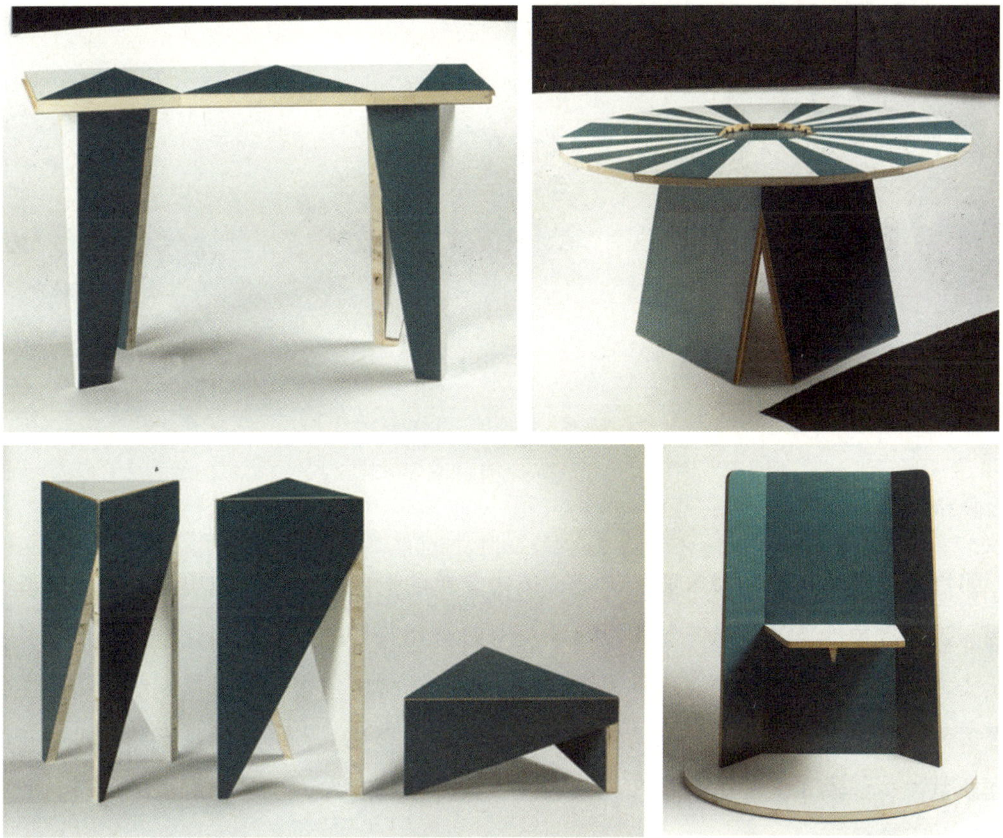

图6—19　重构家具设计

四、象征和隐喻

象征与隐喻不仅是文学作品的表述方式，也广泛地应用在设计学领域。象征与隐喻的区别与联系是：象征是高于隐喻而存在的，象征是理性的、观念的，而隐喻是感性的、具体的。黑格尔认为象征与隐喻的区别之一在于象征存在于形象相对观念的统一之中，而隐喻存在于形象相对于具体事物的统一之中。隐喻强调的是从具体的事物中找到意义，而象征则是与认识活动有关。在艺术作品中象征与隐喻往往同时存在，都是以一个事物指向另一个事物并且都具有暗示的意义。象征概念包括体验、直觉、固有价值、文化标准等方面。象征的意义常常有联想的展开，并且不能明确定义。

隐喻在前面的内容中已经进行了详细讲解，在此不再展开论述。

关联性是象征和隐喻的基础。值得注意的是，象征和隐喻的手法通常与文化意义紧密相连，所以若要真正掌握此设计技巧，必须对人的认知经验和文化通识有准确的认识。象征和隐喻的社会性的认知基础要求设计师在对于目标人群的理解能力精确把握的基础上，将感性的意向融入所设计的象征情境中，这种情境，有些来自流传的故事，有些来自回忆，有些来自社会现象。有了阐释性的语义关联，才能体现象征和隐喻的设计手法的价值。例如图6－20所示的Seasons餐盘的设计，这款以硅胶打造的叶形餐盘，是由日籍女设计师田村奈穗（Nao Tamura）所设计的，最初的设计发想是来自南洋风常用来包食材的叶子，延伸改良成这款（Seasons）四季盘子。深浅不一的硅胶四季盘，与真实叶片一样有着层次感，不同的是它能够多次盛装食物，更为坚固与耐用。

图6—20 Seasons餐盘

五、抽象和升华

抽象，即提取被再现事物的最本质的特征，以较简单的形象将事物再现出来，使人对其有一个整体形象的把握。这种抽象的方法，意味着通过具象符号或自然符号的提炼与简化，使物形单纯，往往有更多的艺术感染力，引发诠释与想象。也就是说，抽象化的结构所包含的信息量越少，审美主体解读出的结果越丰富多元。抽象是语义使用的高境界，它与深层认知有关，当形式语言无法理性分析的时候，感性的抽象理解就发挥作用了。它是将认知经验通过审美升华的产物，也是高层面的欣赏，有时候就像诗意一样感性，富于美感。

从“接受美学”来看，最容易引起人们审美兴趣的既不是“很熟悉很具象”的，也不是“很陌生很抽象”的。许多艺术家和设计师都明白，要新奇，不易理解但又能被理解，要给观者的理解以挑战，激发其理解的强烈兴趣，从而产生层出不尽的意境，给人以艺术享受，这最能激发审美兴奋点。产品意义的表现手法因人而异，在很具体到很抽象之间，如何达到人们可感知的具体程度，同时又达成可启发无限想象的抽象程度，两者间的平衡点是设计师追求的目标。如图6－21至图6－23所示，吕永中设计的新宋罗汉榻、徽州大画案、高山流水琴桌，深泽直人为阿莱西设计的CHA抛光不锈钢茶壶（图6－24）等作品都较好地阐释了产品设计抽象和升华。

图6—21 新宋罗汉榻

图6—22　徽州大画案

图6—23　高山流水琴桌

图6—24　CHA不锈钢茶壶

罗汉床，本是古代待贵客的象征，他摒弃了古代家具设计的厚重和繁杂，以简洁的线条勾勒出“罗汉肚”，再配以软垫，让“玫瑰酸枝鼓腿带托泥罗汉床”走入现代人的生活。

新宋罗汉榻线条洗练，浑然一体，平静中蕴含着力量。

日本设计师深泽直人为Alessi设计了一款可直接加热的茶壶CHA。从日本传统茶壶功能出发，深泽直人将现代的烧水壶概念融入其中，以抛光不锈钢打造壶身，底座的电磁钢板材质则使其可放在任何热源上加热，内部可拆卸的过滤器设计以及壶嘴处的茶叶过滤装置可方便它作为茶壶使用，而黑色的手柄部分也在设计上考虑到持握的舒适度。整款茶壶造型既有现代的简洁流畅，同时也有在功能上对传统的延续。

随着现代设计的发展，产品与用户交流时，不仅仅有直接的功能意义，也是一种多维度的体验，这种体验伴随着故事的讲述，伴随着行为的参与，才能让设计变得更加有吸引力。抽象升华是人的认知设计的高要求，要求设计师具有广阔的知识面，也要对人文和自然精神有更深的理解。

例如由日本nendo设计的卷心菜椅，开始是像一段葱白，你可以一层一层把它剥下来，最后就变成了一个椅子。这是设计师nendo用废弃褶皱纸来设计一件家具，褶皱纸在纺织生产褶皱布料的时候大量生产并通常当作废物抛弃。它完全可以根据你的个人意愿，调节高度和造型。虽然它是纸做的，但不用担心，它其实挺牢固，因为加入了树脂。而它坐上去也很舒服，因为褶皱的结构为它带来弹性。这也属于废物利用，非常环保。(图6-25)

图6—25 卷心菜椅

六、装饰

对于美的追求是人的天性，也是人类精神需求的重要体现。相对于功能，美的追求或美感的体现不是工业设计首要考虑的因素，但同样占有十分重要的地位。工业设计的美感是指介于使用者与产品之间，经观察而得到的感受，在合乎视觉、触觉条理的状态下，以达到心理上舒适而愉悦的感受。

装饰美是人们利用各种装饰因素，按照装饰表现规律与对象有机结合这一装饰行为而形成的。装饰美包括自然属性的形式美、色彩运用带来的美，以及其他装饰手段和元素带来的美。自然属性的形式美是指事物的自然属性所具有的美，它具有独立的法则，如整齐、对称、节奏、比例、韵律等这些美的法则是人们在社会实践中总结出的规律。色彩也是奠定产品整体形态感受与风格特点的一个重要层面。不同的民族和地区对色彩的偏好与联想习惯也是不同的。当色彩、形态、材质肌理等形式要素通过不同的点、线、面的组合符合形式美规则时，使人产生了美的感觉。其他装饰手段和元素包括图案和材料的材质等。

产品的美是产品整体体现出来的全部美感的综合，产品必须是功能美与装饰美的交融统一。既不能简单地理解为“功能即美”，也不能将产品的功能与美完全割裂开来。产品的功能美在产品的美的构成中占据主导地位，即不能离开产品的功能对产品作盲目地装饰。但是装饰必须是适当的，装饰过度就会损害产品功能的实现，装饰必须与产品的实用功能建立一种协调的关系。

在当代多元审美观下，这种装饰并非是为了装饰而装饰，而是通过图像性符号有意识地提炼、加工、变形或重新组合等，来实现对文化性、民族风格、传统工艺和时尚性的较好联想和再现。

例如Marcel Wanders设计的Alessi厨具系列“Dressed”，将装饰应用到锅具最不显眼的地方，有时甚至是最隐秘的地方，体现一种装饰的内敛，整个锅具显现出丰富和复杂的内涵，有点华丽，有点巴洛克式，凸显优雅和轻盈（图6－26）。此外，传统文化元素的“脸谱”“青花瓷”“龙”“牡丹”等，和现代文化元素的功夫熊猫以及熊大、熊二、光头强等经典形象都成为其装饰的主题，别具时尚、艺术和纪念意义，成为一段历史的回忆，甚至一份情感的寄托（图6－27至图6－30）。

图6—26　“Dressed”厨具系列

图6—27　脸谱机箱

图6—28　青花瓷电饭煲

图6—29　旗袍手机壳

图6—30　熊出没故事机

七、拼接置换

拼接与置换，就是把两种事物的各种属性，包括形态、结构、使用方式、使用情境等进行替换或者组合。在进行合理联系的前提下，形成新的意义表达，就形成了拼接和置换的手法。意义的联系方式有意义共享，是指各要素的意义是一致的，可以共同使用；意义借用，以感性经验为基础，在操作层面上产生心理的连接效应；要素置换，是指对使用者、使用环境、使用对象、功能的结果等进行置换处理，达到新的设计意义；意义拼接，是指对不相干的片段进行组合以形成意义关联的产品。

拼接和置换是以相关性和相连性为基础的，不破坏产品的本意，例如图6－31所示的汽灯设计，就是利用火柴的造型进行设计，火柴和灯在本意上都是和照明有关，利用火柴点燃灯的逻辑关联性进行表达充满了设计智慧，创造出新颖独特的产品效果，把握好借用的程度，形成有联系、有记忆的设计（图6－32至图6－35）。

图6—31　汽灯

图6—32　果汁包装设计

图6—33　网球造型头盔

图6—34　钥匙U盘

图6—35　海螺音箱

产品语义设计创造的手法不是孤立存在的，具体的设计创作中可合理地综合使用。语义设计的实践中有多种技巧的重叠，也有创新的设计方式，需要设计师去进行多元化的尝试。设计师应明确设计的导向：人的需求、商业市场、品牌系统等。在不同的目的下，应用语义原理进行设计也会有不同的情况。总结设计技巧，才能在新的设计创新中不断完善，提升技能。

思考与练习

1. 简述产品形态语义设计程序的三个阶段。

2. 你如何理解产品形态语义的认知和构建？

3. 产品形态语义设计中常用的修辞手法有哪些？

4. 在产品形态语义设计中，本章总结了七种方法，选择其中你最喜欢的一种方法，并采用这种方法设计一款产品。

7 第七章　信息化时代的产品形态语义设计

信息化改变着人们的生活方式和消费观念，产品设计在信息时代要充分利用信息时代的符号，注重产品的人机交互界面设计，紧紧把握高技术、情感化、轻巧便携和个性化的趋势，设计出适合信息化时代的产品。

第一节　信息化时代产品语义设计特性

随着经济的飞速发展，各种文化的碰撞逐渐改变着大众的消费观，面对今天的消费者不能仅靠产品的使用价值来满足他们的需求，他们注重的是追求产品的情感价值。产品的外观除了表达功能性外，还要通过产品的语义特征来表达产品更深的文化内涵，正如iPhone手机消费者不是为了其使用功能，而是追求当下的时代感和文化内涵（图7－1）。

图7—1　iPhoneX

在物质生活相对丰富的今天，人们对产品的要求已不单纯是物质功能的满足，同时还要具备精神功能。通过产品的形态能传达给用户如何使用以及象征性等视觉语言，使产品能更好地迎合使用者的内心。

但从产品符号学的发展历程看，同一产品语义在不同时代、不同地域表达的信息不同，相同的信息也可以通过不同的语言符号来表达，这就决定了符号具有统一性和多样性特点。重新在各文化中寻找新的设计素材来反映各地域的设计风格特征；通过造型中的文化性语义，以隐喻、寓言等手段满足消费者日益重要的情感需要。由于文化的多样性，在产品设计的表达上可看到产品语义在产品设计中的延续和更新。例如图7－2所示的“喜结连理”烛台的设计采用大红陶瓷和金属为材料的新中式烛台，灯架的造型源于汉代漆器、帛画中自由盘旋的曲线文样，意为缠绵的连理枝。枝杆上喜鹊代表着比翼双飞的鸟。蜡烛立于盘绕的鸟巢之上，有共筑爱巢之意。连理枝、比翼鸟是对新人爱情幸福美满的祝愿。作为居家摆件能营造一种浪漫的氛围。

图7—2　“喜结连理”烛台

一、通过多通道的方式生成语义符号

在信息时代，产品与用户的沟通则是通过多媒体环境来进行的，人在操作产品时不仅运用视觉观察，人的听觉、触觉等也被完全调动起来。可以说，在信息时代，由于交互技术的发展，产品必须实现与用户多通道的沟通，不仅产品的造型、颜色符号可以向用户提供象征语义，产品的声音和质感、振动等也成为符号向用户表达产品的象征信息。如图7－3所示的“侗听——交互式悬浮智能音乐灯”，此产品来源于艺术与科技的碰撞，观赏性与功能性的融合，电磁悬浮的灯正如屹立于高山上的鼓楼，优雅旋转的灯仿若织女翩翩舞动，蓝牙音乐带你回味山涧野外的芦笙乐，3D打印实现定制化设计，对于侗族文化的传播有着深远的意义。

图7—3　侗听——交互式悬浮智能音乐灯

图7—4　“快递员”手机app引导图

二、重视符号的导向功能

一般而言，产品语义对操作的解释基本上是针对外部硬件和形体，这一点随着技术的发展变得越来越清晰，产品语义对操作的解释越来越集中到软件系统，即通过图标和界面的象征意义暗示产品的软件功能。然而仅仅这些是不够的，数字产品强大的功能造成了产品复杂的操作程序。在信息时代，产品语义的功能不局限于如何通过产品的形态来暗示操作，而是拓展到通过对操作流程的象征来引导用户的正确操作（图7－4）。

三、网络成为语义中符号新的象征

产品语义学的发展必须适应网络虚拟空间的使用情境，而其设计符号的运用也必须体现网络化的时代精神，产品就不再仅仅是一个客观存在的物质形态，而是一个蕴含着信息的传播载体，它所蕴含的信息能否为使用者正确地理解是设计是否合理的重要参数（图7–5）。产品语义的传达必然要受到它所处环境中的其他因素的影响，新产品的设计也应针对它将要存在的环境而调整。

图7—5　网络符号

第二节　信息时代产品语义设计的趋势

一、注重人机界面设计趋势

随着电子技术的发展，现代产品越来越趋向于黑箱化，即产品的内部属性进一步不为使用者所了解。而作为使用者的人只需要通过产品的按键及产品相应的信息反馈来完成对产品的操控，以实现产品服务于人的某种特定需求的功能。即产品的操控越来越表现为一种人机信息交互——产品人机界面的按键指示和电子反馈二者共同构成的信息与人之间的交互，这就对产品的人机界面设计提出了一个新的课题，即如何保证界面信息的顺利交互，最终实现产品服务于人的某种特定需求的功能。

（一）信息交互与产品人机界面设计

“人机界面”是指人机间相互施加影响的区域，凡参与人机信息交互的一切领域都属于人机界面，它反映着人与物之间的信息交流关系。即作为使用者的人通过人机界面的信息交互来完成对产品的操控，以实现产品服务于人的某种特定需求的功能。

在科技无法消除产品人机界面存在的条件下，作为设计师，能做的就是让其识别与操作过程，在尽可能自然的状态下执行完成。以数字化产品为例，由于数字化产品的集成化程度高，造型变化频繁，以及自身的智能化、网络化特性，使得人们在使用这些产品的过程中，迫切渴望人机互动与交流，即通过简单的语言、文字、声音等手段来提示操作，借助外观造型指导使用者了解整个操作过程，并暗示操作的形式与可能得到的信息反馈。这种交互特征在产品显示、操作区域的细部设计中尤为突出。

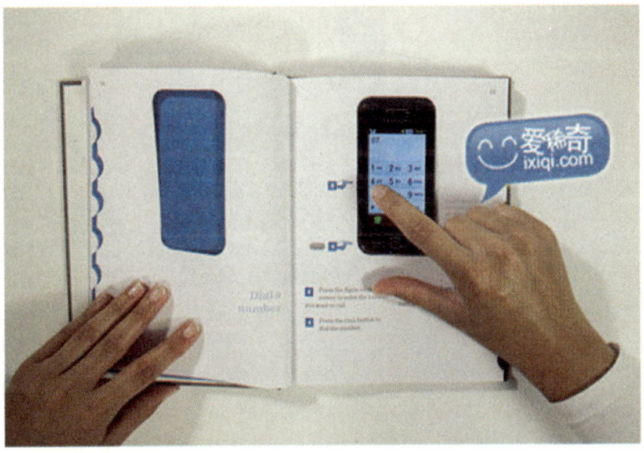

图7—6　交互式说明手册

如图7－6所示的交互式说明手册，这款全新的交互式说明书尝试解决这一问题，理念在于将结构(部件)、功能和手册三者结合在一起。在这一交互式说明手册的创意理念中，当手机组装完毕，打开功能页，中间是中空的设计，刚好将手机放进去，四周则是功能介绍文字。通过这样的设计，用户可以一边对照手机一边学习使用说明，而用户手册上很明确地指出正在讲解功能需要使用的按键位置及参考屏幕的显示位置。在这样的手册阅览中，就如同有一个客服人员在手把手地为用户介绍这款手机，操作方法简单、准确且明了。又如图7－7所示的功能地图，通过对图形化交互式说明书的使用，把手机界面布局中每个图标的功能都进行了详细的介绍，一目了然。

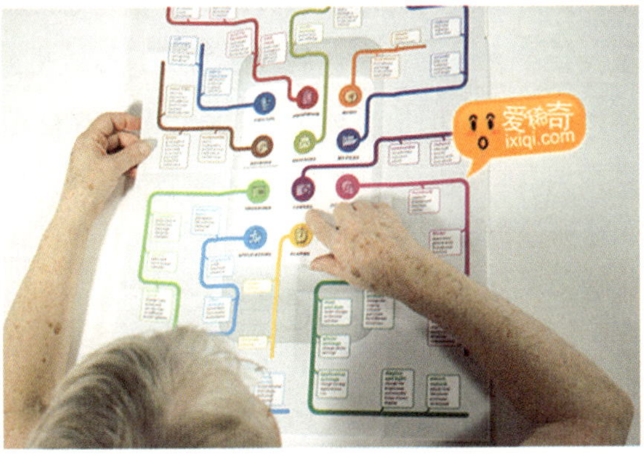

图7—7　功能地图

（二）人机界面设计形式美的创造

产品设计形式美的最终体现是产品的总体造型必须符合形式美的规律，即遵循公认的形式法则。当色彩、形态、材质肌理等形式要素的组合符合形式美规律时，就会使人产生美的感觉。而产品人机界面作为产品形态的一个特殊表现形式，自然也遵守着这个美学原则。这个原则就是美的法则。美的法则是人类的审美积淀，是社会实践中总结出的形式规律。美的法则有很多，包括变化与统一、对比与调和、对称与均衡、比例与尺度、节奏与韵律等。但最根本的就是“统一中求变化，变化中求统一”，统一中求变化即在统一的基调上寻求适量的对比，变化中求统一即在对比的大基调上寻求一定程度的协调。有统一而无变化则死板，有变化而无统一则零乱，而最终的美的形式则不死板又不零乱，产品设计亦是如此。

如图7－8所示的Sony Xperia Agent这款智能机器人的造型处理，以浅色的圆弧面造型作为产品造型的大基调，中间信息显示屏部分构成的深色块面就是在统一大基调的基础上寻求变化，包括色彩的深浅对比及形态的曲直对比，即大统一中求变化。

图7—8　Sony Xperia Agent

（三）信息交互与形式美法则之关系解析

人脑认知的重要特点是综合性。它并不是细致地加工收到的全部信息，而是从那些有特征的信息入手，去寻找有用的信息，在许多神经通道上对信息进行分类加工，能够灵活多变地按需要收集有关的信息，摈弃无关的信息。就产品而言，可以把所有要实现产品功能就必须要接触的信息称为有关的信息，而把无须接触的信息称为无关的信息。按照前面对于产品人机界面的定义，这里的有关信息即产品人机界面信息，而无关信息则是不属于人机界面范畴的，比如商标等。而属于人机界面的有关信息往往不止一个，这就要求在处理时首先要把所有的属于人机界面的有关信息看成一个整体，这个整体与不属于人机界面的无关信息形成对比变化。将多个信息看成一个整体，就是要统一，形式美法则“变化中求统一”的“统一”。同时，形式美法则的“变化中求统一”是一定程度上的统一，适度的统一，并非完全统一。形式美法则的统一是有变化的统一，有主次变化的统一，无主次的随意变化，则不能保证统一。有了主次，则多个有关信息的时序性得到保证，从而实现人机界面信息交互的畅通。

（四）人机界面设计与形式美创造之关系解析

讨论产品信息交互与形式美法则之间的关系，其目的也是指导设计实践，指导如何运用这一关系对产品人机界面设计及产品形式美创造进行有机综合。如何运用呢？我们先看一个例子。

如图7－9所示的MPIO MP3，对于这款造型酷似电吉他的MP3，我们首先说说它的人机界面设计就足够刺激，显示屏和3个按键在壳体这个背景中显得足够突出，自然就成为注意选择的对象；就合理的序列性而言，显示屏和三个按键按照由大至小、主次分明的顺序排列，使得人的注意自然沿着这条线自上而下地移动，时序性由此而形成。

再说形式美法则的“统一中求变化，变化中求统一”规律在这个人机界面设计中的实现，即这个产品造型的形式美创造。例如图7－10所示的加湿器设计，整个产品的造型是以流畅的线条为主，把两个不同色彩的部分合理地统一在一起，增强了产品的统一性。就“统一中求变化”而言，加湿器壳体是由白色和蓝色上下两部分组成，形成了一定的对比，这个统一中求变化，壳体被装饰边线构成了一个相对流线型的统一大基调，即大统一中求对比变化。

符合形式美法则的产品形式美创造和基于信息交互的产品人机界面设计，在本质上是相通的，是辩证统一的。在具体设计中，只要做到师出有名、主次分明，则产品人机界面的信息交互必然畅通，而产品造型形式也必然符合形式美法则。这里讨论的是产品的人机界面设计与形式美创造的关系，实际上，任何存在人与物信息交互的视觉设计领域都同样存在着这种界面信息交互与形式美法则之间辩证统一的关系。

二、高技术性趋势

高技术（High Technology，简称Hi－tech）的概念源于美国，是一个历史的、动态的、发展的概念。目前，国际上对高技术比较权威的定义是：

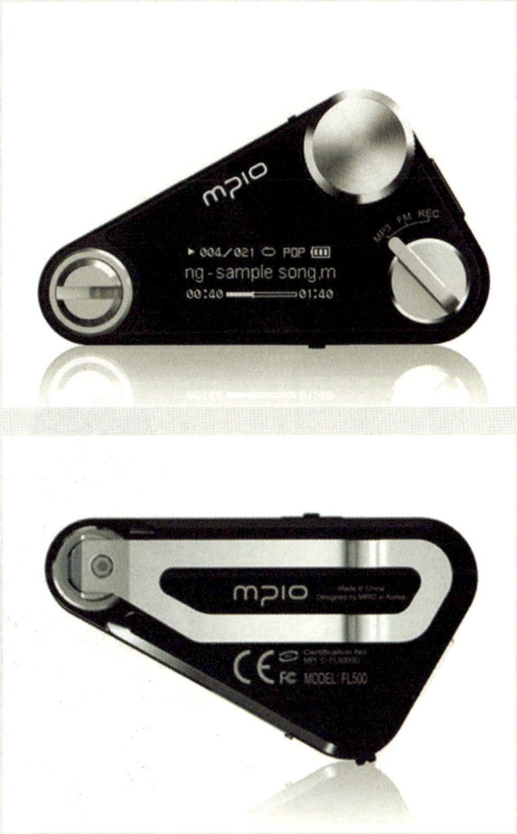

图7—9　MPIO三角形MP3

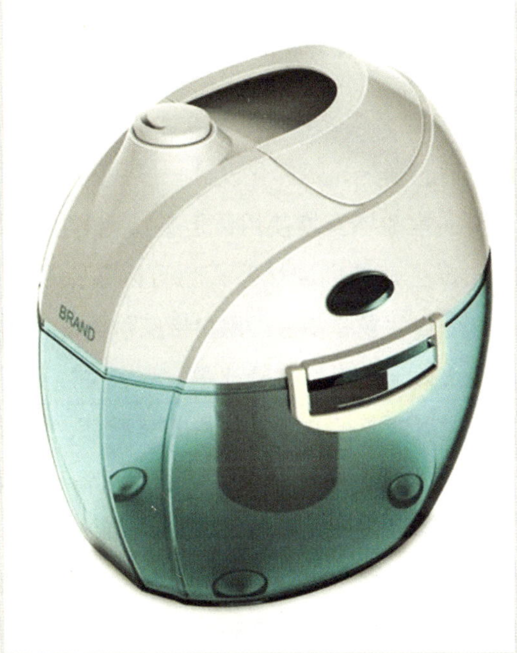

图7—10　加湿器设计

高技术是建立在现代自然科学理论和最新的工艺技术基础上，处于当代科学技术前沿，能够为当代社会带来巨大经济、社会和环境效益的知识密集、技术密集技术。

数字化产品是其中的典型代表，产品趋向于大量新材料、新工艺的选用来彰显其高科技内涵，同时还要求所采用的设计语言与之呼应，突出产品的数字化特征。例如图7－11所示的Gear Sport，此款产品拥有一块1.2英寸的Super AMOLED屏幕，分辨率为360×360，显示屏外圈的旋转表圈用来与Tizen UI进行交互，手表右侧有两颗实体按钮。还提供5 ATM防水支持，可以进行游泳项目追踪。其内置一块300mAh电池，支持20mm可更换表带。据称Gear Sport的心率监测准确度要优于之前的Gear产品。

图7—11　Gear Sport

三、情感化设计趋势

（一）情感化设计的概念与内涵

在词源学上，情感化设计一般用英文中的“Emotional Design”或“Affective Design”来表示，虽然两者通常能够互换使用，但感情色彩上还是有一定的区别。“Emotional Design”既可以包括负面情感，如产生痛苦的回忆等；也可以包括正面情感的设计，如产生兴奋、感动、快乐感等。“Affective Design”则主要是指能给用户带来积极情感体验的设计。

在本质上，情感化设计是一种以关注用户内心情感需求为中心的设计理念。在设计过程中，情感化设计通过对产品的交互操作方式、形态、色彩、结构、装饰、表面肌理以及叙事性的背景表述等要素进行创造性的整合设计，将预期的用户情感因素融入产品的物理要素中，突出产品的美学特征和交互属性，从“有用的（Useful）”“好用的（Usable）”“想用的（Desirable）”3个层面提升用户满意度，使用户在产品技术功能实现的过程中，获得情感化的交互价值。情感化设计的产品能让用户从生理、心理和精神理想方面，享受到产品的社会价值，从而让他们的社会生活充满快乐，激起用户对幸福生活的追求，提高人们的生活品质和幸福感。

因此，相对于现代主义设计聚焦产品的技术功能，注重效用和形式结构之间的关系，情感化设计以用户的艺术化生活和情感化体验为终极目标，而不以实用功能为唯一的目的。正如当代著名设计师菲利普·斯达克（Philippe Starck）所言："我并不关心设计看上去是什么，我只关心它们激发的用户情感。"斯达克认为，在设计中应将设计师所有的精力和感受力倾注到一种事物中——设计不应该被理解，而应该被感受，被体验。如图7-12所示的幽灵调味瓶设计，这款调味瓶的设计不是追求外观漂亮，追求的是让用户感觉到快乐。

图7—12　幽灵调味瓶

（二）情感化设计的方法

1. 产品情感化设计的层次

唐纳德·A. 诺曼（Donad A. Norman）教授是美国认知心理学方面的专家，他在 *Emotional Design*（情感化设计）一书中将情感化设计分为外显有形层（Outer Tangible Level）、中间行为层（Middle Behavior Level）和内隐无形层（Inner Intangible Level）/反思层次（Reflective Level）3个不同层次（图7-13）。

（1）本能层次

人是视觉动物，对外形的观察和理解是出自本能的。如果视觉设计越是符合本能水平的思维，就越可能让人接受并且喜欢。本能层次设计关注顾客对具体产品物质要素的感受，这些要素是可见的或可触及的符号，如产品的色彩、肌理、形态、材质、结构等。

（2）行为层次

行为水平的设计可能是我们应该关注最多的，特别对功能性的产品来说，讲究效用，重要的是性能。使用产品是一连串的操作，美观界面带来的良好第一印象能否延续，关键就要看两点：是否能有效地完成任务，是否是一种有乐趣的操作体验，这是行为水平设计需要解决的问题。行为层次的设计关注产品与用户之间的交互过程，操作的效率、乐趣、健康性等人性化因素是设计的目标。优秀行为水平设计的4个方面：功能，易懂性，可用性和物理感觉。

（3）反思层次

反思水平的设计与物品的意义有关，受到环境、文化、身份、认同等的影响，会比较复杂，变化也较快。这一层次，事实上与顾客长期感受有关，需要建立品牌或者产品长期的价值。只有在产品/服务和用户之间建立起情感的纽带，通过互动影响了自我形象、满意度、记忆等，才能形成对品牌的认知，培养对品牌的忠诚度，品牌成了情感的代表或者载体。反思层次设计关注产品的象征意义和社会价值，包括用户的价值取向、文化观念、审美理想等；这一层次的设计涉及用户的文化背景和意识形态等社会价值层面。

作为设计师一般会有这种感触，一开始从事设计工作时，最首要的是借鉴具体设计案例和成文的规定，重视很具体化的层面的东西，但是做到有瓶颈时，迫切需要更高层次的、抽象的、有点哲学味的东西来领导和补充。让自己的设计作品具有"思想"，每一件设计作品背后都有属于自己的"设计历程"，经历了多种多样的设计假想，推翻，迭代，重新设计，最终才是更符合需求的设计结果。

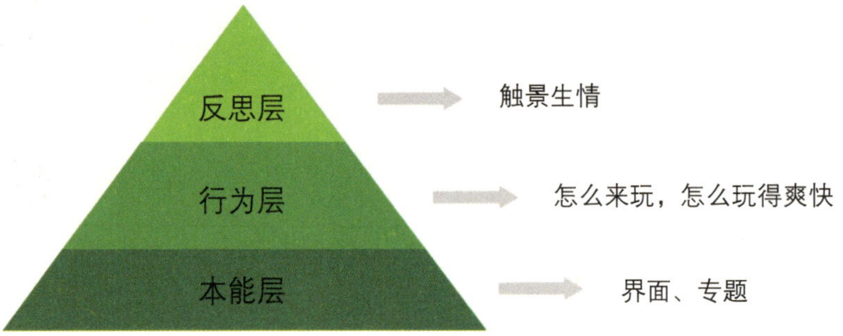

图7－13　情感化设计的三个层次

2. 情感化设计的表现手法

情感化设计的表现手法主要通过产品的交互方式、材质、形态、色彩等设计元素达到激发用户情感体验的目的，特别是要关注产品细节对用户心理和情感的影响，并通过产品要素的某些象征意义来引起消费者的回忆、联想和情感共鸣。如图7－14所示的“爱心煎蛋锅”，就是通过一个“爱心”的符号，让用户购买的不仅仅是一个鸡蛋，更重要的是一份感动和幸福的情感；而图7－15所示的由丹麦设计师设计的“Tea－Shirt泡茶壶”，可以直接将茶叶放入玻璃瓶中加入热水，倒出时再由滤心过滤，特制的葫芦造型瓶身可以充分让茶叶伸展，散发出浓郁的香气。而含丹宁酸的红茶，泡久之后会变黑变苦，所以Tools特别设计了隔绝水与茶叶接触的金属罩，如此一来，就可以让茶保持温热，同时不用担心泡太久而味道苦涩。保温太空衣不但可以保温，同时也避免烫手。保温盖不必打开，茶就能够自行流出，加上防侧漏的设计，让倒水时不会滴到桌布。通过“穿衣”符号的运用，在为用户的使用过程带来无微不至的帮助的同时，带给用户一个快乐的心情。

图7—14　爱心煎蛋锅

图7—15　Tea-Shirt泡茶壶

（三）产品情感化设计的案例分析

情感化设计旨在扭转功能主义设计观中技术凌驾于用户情感之上的局面，使以产品为中心的设计模式重新回到了以用户为中心的设计。在国际设计界，德国著名的设计公司——青蛙设计公司（Frog Design Inc）最早提出“形式追随激情”的设计哲学，崇尚情感化设计。他们的设计理念脱胎于20世纪初期美国芝加哥建筑学派的领军人物路易斯·沙利文（Louis Sullivan）总结设计原则时所说的“形式服从功能”的一句名言。在这种设计哲学的指导下，哈特穆特·艾斯林格（Hartmut Esslinger）带领他的团队跨越美学与技术的局限，以文化、激情和实用性来整合和重新定义产品，为用户带来一种幽默、欢快的情调和未预见性的情感体验，不断地改变和创造人们情感化的日常生活方式。

案例1： Frog Design设计的心手相连电子监控设备能够在任何时候、任何地方架起心脏病患者与他们的医疗保健机构之间的桥梁。这个远程监控系统的设计基于三个核心设计原则：简单，耐用，令人放心和舒适的患者体验（图7-16）。

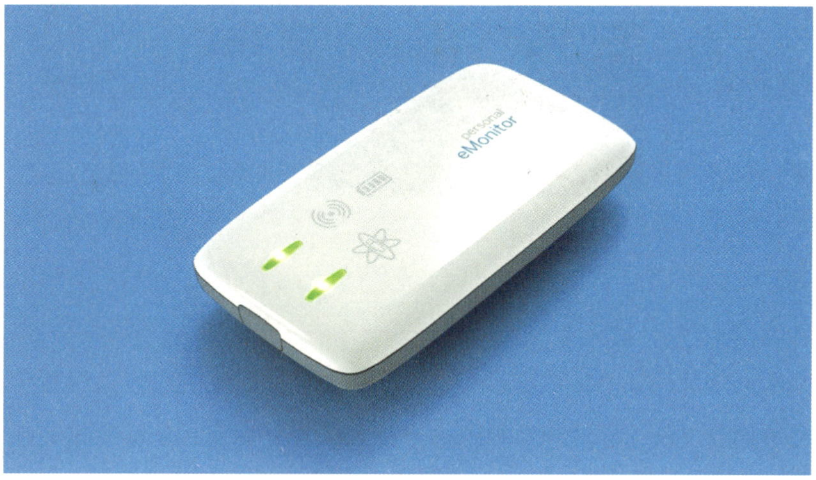

图7—16　Metadistretti电子监控设备

案例2： Frog Design设计的基于二极管的环保灯泡（图7－17），将现代的节能长寿的LED灯融入传统的灯泡形象中。这款灯消耗的能量只是荧光灯的一半，但寿命却是荧光灯的10倍。这款灯具有白炽灯的照明效果，由不易碎的塑料做成，各个元件坚固耐用，而且不含水银。这款概念灯有6种型号，可以映出不同的光，带给用户一种怀旧的情感体验。

图7—17　环保灯泡

案例3： Weather HD是一款非常受欢迎的iOS应用，能够使用iPad或iPhone作为视窗来进入美丽的气象环境，让用户感受被自然包围的感觉（图7-18）。

图7—18 Weather HD

原因是该应用采用全屏动画来向用户展示天气，而不是像其他天气应用只以数字与小图标来进行表示。在明确气象信息的前提下设计动态天气给予用户更强的视觉冲击，从而更真实地还原当前的气候环境。模拟真实的大自然场景，做动态天气，来为用户营造愉悦的产品体验。

情感化设计在本质上是设计人性化的回归，可以使人们从一些现实的、外在的压力中解脱出来，它使我们感觉轻松，感觉自在，感觉快乐，回归自我。表达我们情感的诉求……满足来自我们的内心的那个“声音”，增加我们的快乐体验（情绪）。作为设计师，我们要设计出有情感的产品，必定首先是一个有爱，懂得热爱生活和感悟生活的人，这样才能创造出更好的体验。

四、轻巧便携性

轻巧便携性，主要是指以轻、薄、短、小、方便携带为主要特征的小型化设计风格，随着人们对产品设计有着特殊的要求，人们对产品个性化追求的加大以及审美情趣的提高也对便携式产品的设计提出了更高的要求。便携既是对产品功能的体现，又是对用户个性需求的满足。在讲求高效率的今天，用户对产品的使用不受限制性提出了更高的要求，在数字化产品中日益占据主导地位（主要的代表性产品有各类小型的数码产品，如手机、MP3、MP4、GPS导航仪）。轻巧不仅体现精良的结构、先进的技术，而且在方便携带的同时，突出了高科技产品的内在价值。因此，轻巧便携式产品正是顺应这种需求而出现。

随着现代工业设计理论逐步渗透到实际产品的开发运用之中，便携式产品以造型新颖、美观、体积小以及携带方便的特点，极大地丰富了现代产品的功用和适用范围。

（一）便携式产品的功能分析

便携既是对产品功能的体现，又是对用户个性需求的满足，因此便携式产品设计，更应把握用户的心理与生理要求，把握产品的形态与功能的尺度，把握人与产品的关系。下面我们就简单分析几种便携式产品的使用功能。

1. MP3播放器

为了满足人们喜欢听音乐的需求，设计师不断地将音乐播放器小型化，从单放机到随身听，再到MP3播放器，一次次变革的目的就是满足产品的轻巧便携性需求。MP3播放器其实就是一个功能特定的小型电脑。在MP3播放器小小的机身里，拥有MP3播放器存储器（存储卡）、MP3播放器显示器（LCD显示屏）、MP3播放器中央处理器[MCU（微控制器）或MP3播放器解码DSP（数字信号处理器）]等。微处理器是播放器的“大脑”，用来接受用户选择的播放控制，并将当前播放的歌曲信息显示在液晶显示屏上，然后向数据信号处理芯片发出指令，使其准确地处理音频信号。使用MP3播放器数码信号处理器先用解压算法将MP3文件解压，接着用数模转换器将数码信息转换成波形信息，然后由放大器将信号放大并送到音频端口，最后我们就可以通过接在音频端口的耳机听到动听的音乐了（图7-19）。

2. 摄像机

摄像机在最初满足了强大的专业功能需要之时，其体积的笨重也给具有日常生活用途需求的消费者带来了携带与使用上的不便。DV数码产品的推出，使传统摄像机进行了外形方面的彻底革新，也使其受用群体明显增多。索尼公司之前发布了一系列世界上最小、最轻的DV，这些都是一款十足的口袋DV机，同时他们还推出了只有手掌大小的和名片夹大小的DV产品。“口袋”产品概念的提出，反映出人们对便携的要求越来越高（图7－20）。

图7—19　苹果MP3播放器

图7—20　索尼“酷拍”摄像机

3. 手机微型投影机

在信息时代，手机的普及率已经非常高，利用手机进行影像投射的手机投影机也应运而生。例如美高公司开发的一款专门用于苹果手机iphone6、iphone6S、iphone6 PLUS、iphone6S PLUS，兼容iphone5的微型投影机金色款式美高G6S（图7-21）。这款苹果手机专用微型投影机采用镶嵌式新颖设计，外观颜色采用奢华金色，视觉时尚，品位潮流，且小巧便携可随身携带；技术方案采用美国TI的DLP成像芯片和技术；操作采用人性化设计，开机即投，即投即用；支持1080P高清视频；投影画面实现与手机屏同屏显示；室内投射100寸大屏画面。苹果手机用户可以随身携带用于个人娱乐、家庭影视、聚会分享、商务交流、宝宝互动教育等多个领域。这款苹果手机镶嵌式微型投影机，把苹果iphone6手机与微型投影机融为一体，并带入大屏应用时代。

图7—21 手机微型投影机

4. 笔记本电脑

电脑给人们带来了一种全新的工作交流方式，从台式机自身机型的不断改进，到便携式电脑的普遍使用，反映出人们需要对电脑随时随地的使用欲望。提及便携式电脑，我们还能想到它的两个别名——手提电脑或笔记本电脑，人们无论从携带方式或外观形状方面来对其定义，均可反映出产品的便携特性。如图7－22所示的苹果MacBook Air是一款13.3英寸轻薄笔记本产品，镁铝合金机身具有非常出色的质感，窄边框屏幕不仅观感出色，同时也能大幅收窄机身，使得整机尺寸更加便携。

图7—22 苹果（Apple）MacBook Air

如果说今天的地球是建立在移动与互动之上的，相信人们不会对此有太大的异议。随着数码电子科技的飞速发展，互联网在成为最新科技的试验田的同时，更成了各种信息的集散地。例如，在前面所提到的几种便携式产品中，MP3、DV等已在一定程度上达到了轻巧便携的真正意义，而便携式电脑受其功能所需结构的制约，体积与外形设计却步入了瓶颈阶段，其重量也没有像笔记本的名称所描述的那样轻便，无论是电脑本身的功能结构，还是电源与手提包等相关配件，都不同程度地影响了人们外出携带。

（二）便携式产品的设计要素

人的各种行为方式决定了产品的设计准则，具体到轻巧便携式产品这一类型，使用者的行为是手持还是肩背，是单手提还是双手提，这些都对设计要素有着显著的影响。由于轻巧便携式产品要满足轻巧便携的功能特点，又与人有着密切的联系，因此轻巧便携性设计所涉及的设计要素也比较复杂，小到人们随身轻巧携带的各类数码产品，例如笔记本电脑、折叠自行车、折叠家具等都需要仔细考量这些设计要素。从产品轻巧便携的角度出发，总结出尺寸、重量、形态、功能、色彩这五个设计要素。这些设计要素密切关系着便携式产品的可用性以及使用方便性。

1. 便携式产品的尺寸设计

在便携式产品中，尺寸是一个基本的要素，应始终遵循移动性这个中心原则来确定产品的尺寸大小。便携式产品作为一种特殊的产品，与人体尺寸有着密切的关系，人体尺寸与人体动作尺度是确定便携式产品尺寸的依据，也是便携性设计的基础。

我们按照体积的大小将便携式产品划分为两类，这两大类产品对于产品的尺寸有着不同的要求。因此在这里将分两种情况分别探讨便携式产品中的尺寸要素。

第一种情况为小型手持式便携产品的尺寸设计。对于这类小型手持式产品，由于现代高科技的运用，各类高集成度的元器件应用到产品中，产品本身的尺寸已经做到足够小，一味地再去缩小产品的体积对便携性的影响已经不再重要，如何更好地设计产品的尺寸，利用产品的便携性，使产品更宜用，成了我们需要研究的课题。小型便携式产品主要为手持操作，因此尺寸设计与手的尺寸密切相关。手使用的舒适程度决定了便携式产品的设计好坏。人手具有极大的灵活性，能完成各种各样的动作，手持便携式产品有多种方式，相应的也需要人手做出不同的动作来实现操作。因此，在设计时应根据具体使用方式来指导便携式产品的尺寸设计，使其符合人机工程学的要求。

第二种情况为手提式便携产品的尺寸设计。在手提式便携产品的设计中，确定产品的大致尺寸时，主要以人体的基本尺度为依据，同时还应照顾到性别及不同人体高矮的要求，其尺寸的确定主要根据便携式产品使用的环境及手提的具体方式而定。因此，便携性设计中的尺寸设计应遵循的原则是：①适合“人”的尺寸；②适应“物”的尺度；③适合“环境”的尺度。

2. 轻巧式产品的重量要求

轻巧便携式产品的重量在产品的设计中也是一个尤为重要的因素。便携式产品的总量较轻，不仅有利于产品的携带，而且也有利于产品的使用。舒适的使用会使用户不自觉地延长产品的使用时间。成年人手持式产品的最大重量参数为：在使用时，由手臂提起产品，并从身边不好使的位置上转换至合适位置的适宜重量不应超过2.3kg。如果过重，前臂肌肉与肩膀就容易疲劳和损伤；要求作用点位置精确的手持式工具，其重量不应超过0.4kg。对单手提携可携带式产品来说，惯性力矩会在很大程度下影响产品的感觉，使用者更喜欢提起物品时重心下移的感觉（如重心位于手柄的下侧）。但是，当重量增加时，惯性力矩的影响就无足轻重了。

对于置于身前的双手提携式产品，它的重心离身体越近越好。在某些场合对称手柄可以增加物体的平衡性和降低手腕的反向扭矩。而且，对称手柄可以让手受力减小到最低程度，然而，这并不意味着所有产品必须具有对称分布的手柄。许多便携式产品在被人们携带时可采用多种方法，因此完全可以将它设计成多种携带形式。这样就可由用户根据自己的特点或有时来选择到底是手提、肩背还是其他方法来携带产品。

对于重量比较大的便携式产品，可以通过增加背带的方式，来减轻用户使用或携带的负担。使用背带是我们日常生活当中常见的便携方式，它能够有效地降低肩膀和颈部的负荷，提高其舒适程度。背带的宽度、弧度以及所运用材料都影响到它的使用舒适性，使用者性别的差异、产品的重量不同、形态的区别都影响着背带的设计。背带的设计需要解决三个环节的问题，即稳定性、贴合性、重力传递合理性。

3. 轻巧便携式产品的功能与结构需求

由于每件产品都有其自身的结构，而结构又深深地影响着产品的形态。结构除了要实现产品形态的视觉和心理功能外，更重要的是要保证产品的实用功能。产品的结构是承担技术功能的物质构造，结构以其独特的设计语义传达着产品的主要功能。功能与结构是密切相连的，具有创新功能的产品必然具有相应独到的结构设计。

产品结构语义强调结构与功能的“平滑过渡”。即强调语义表达的准确性，主要体现在结构必须准确反映产品的功能。通常人对于体积比较大的产品的感觉就是稳固结实耐用，对体积比较小的产品感觉是灵巧、轻松。如图7－23所示的英国设计师设计的A－Bike折叠自行车，A－Bike自行车被称为“世界上最轻的折叠自行车”，由于打开时呈“A”字形，所以设计者把它命名为A－Bike。A－Bike的车架是由强化玻璃纤维制造，重量仅为5.5公斤，折叠后体积可以缩小为0.03立方米。此外，A－Bike的车轮直径只有15厘米，这些都给使用者能将A－Bike轻松装进背包创造了最大可能。这样的设计当然不仅仅是为了满足美学上的需求，同时也是因为这样的造型更易于携带。因此，在形态要素上的这些设计都是与便携性这一要求分不开的，所以说形态构造是便携式设计必不可少的要求。

图7—23　A—Bike折叠自行车

4. 轻巧便携式产品的材料与色彩需求

产品的材料决定着产品的重量，优秀的便携式产品不仅靠结构和形态表现，而且还要充分利用色彩来表达设计的情调，用色彩语言组成一定的色彩关系，并且利用色彩的适当布局，形成韵律感和节奏感，使其形成一种独特的语言，传递出一种情感，从而达到吸引和感染消费者的目的。

如图7－24、图7－25所示的这款摩托车名为“Moveo”，是匈牙利小型汽车公司设计出的一款便携式混合动力摩托车。Moveo由电力驱动和脚踏驱动两种模式构成，作为新型城市轻便交通工具，Moveo不同于其他混合动力摩托车，最大优势是其车身可以折叠。折叠后的Moveo仅有普通行李箱大小，因此，即使没有停车空间，也可以“随身携带”。它在材料上采用轻体碳纤维复合材料，碳纤维是一种力学性能优异的新材料，它的比重不到钢的1/4，碳纤维树脂复合材料抗拉强度一般都在3500Mpa以上，是钢的7~9倍，抗拉弹性模量为23000~43000Mpa，亦高于钢。因此，CFRP的比强度即材料的强度与其密度之比可达到2000Mpa/（g/cm³）以上，而A3钢的比强度仅为59Mpa/（g/cm³）左右，其比模量也比钢高。Moveo的色彩采用的是香槟色，香槟色是一种让人有种暖暖感觉的淡黄色和淡银色，而从香槟酒的角度来看，香槟色是什么颜色呢？香槟色的淡橙黄色给人一种高雅、时尚的美感；香槟色的粉红色给人一种甜蜜的感觉。

图7—24　“Moveo”

图7—25　“Moveo”折叠图

如果说今天的地球是建立在移动与互动之上的，相信人们不会对此有太大的异议。若从设计的角度来看，我们的物质环境已经有了很大改善，这使得人们在鉴赏进而购买产品的时候变得更加苛求，人们更愿意对物质生活提出自己的意见。轻巧便携式产品的出现是工业设计在信息时代和知识经济时代运用人性化设计原理的最生动体现。

五、个性化趋势

个性化设计是指在买方市场细分以及目标受众分化的情况下，针对小批量生产的个性产品。一件有个性的创新产品在市场上要将自己独特的外部形态和内部结构展示给消费者，用自己的独特用途和使用价值引起消费者的注意和兴趣，激发消费者的情感喜爱和购买动机。

（一）个性化需求的背景

20世纪80年代以后，特别是进入20世纪90年代，世界经济全球化的进程大大加快了。全球化使得地球越来越小，逐渐变成一个“地球村”，紧随着产品同质化出现的是生活方式的趋同。进入21世纪，社会文化形态已经呈现出多元化的格局，文化和艺术也不再是少数人的权利，从博客、个人网站到风靡全国各地的平民选秀活动，都在预示着大众文化的兴起。消费者的个性化意识在不断觉醒，而反观消费者的消费意识和消费心态，对产品的情感化和个性化要求却越来越高。随着生产发展到一定程度，市场需要已经从卖方市场转向买方市场，企业也对生产方式进行了相应调整：从最初标准化、规模化、大批量的生产方式转变为多样化、小批量、柔性化生产，并不断地细分市场。

（二）产品创新个性化设计的可行性以及实现途径

设计师面对开放的世界，要开阔自己的视野，全方位多角度地去寻找产品个性化设计的灵感。珍贵的文化古迹、神秘的热带丛林、原始的非洲木雕、独特的部落遗风等，都是我们进行个性化设计、展示风格和特点的灵感来源。科技的发展开阔了现代人的视野，通过计算机的处理，人们能够迅速准确地捕捉以往不能了解的微观世界、宏观世界以及许多未知世界中的各种要素，使我们能够超越自我，在科学与艺术的殿堂中自由地发挥创造潜能，对我们拓宽艺术创作的思路，展现独特的个性风格有着重要的启示。对于设计具有个性的产品的可行性以及实现途径，将从以下诸方面考虑：

1. 设计是产品的先导

从人的不同生长阶段切入开发个性化产品设计。不同发展阶段表明人的成熟程度不同和不同的个性心理特征。研究人的发展阶段及其不同心理要求，有助于赋予新产品个性。从社会不同的消费层面切入开发个性产品设计。社会构成因民族、地域、文化、教育因素使个体与群体形成各种层次。不同的个体与群体层次的人有不同的消费需求、消费方式，并相互影响，所以在新产品个性设计中要考察他们相互之间的异同以增加产品的适应范围，使某种产品成为个体身份和群体成员的共同标志，使某种个性产品成为某一事业或成就的象征，使个性产品的消费者不但得到物质满足，而且得到精神的补偿。从功能的多样性切入开发个性化产品设计。现代产品正在向着多功能和特殊功能的方向发展，个性化产品创新设计除注重产品的基本效用，还须注意在增加附属功能和特殊功能上下功夫，使个性新产品具有与同类产品相比不同的特点。

2. 科学技术成为个性化设计的基本条件

小批量、个性化的产品制作是完全可以实现的。随着电子计算机辅助图形设计功能的发展，所有的设计数据可以做到数字化，可以为生产系统做好准备。

3. 生产系统的能力、工艺水平是实现个性化产品设计的保障

随着电子计算机辅助设计（CAD）、数控机床以及快速原型成形制造（RPM）技术等的应用，数字化加工技术、设备和工艺的出现和普及，产品设计已经完全可以实现数码化和无纸化设计，形成数码生产加工指令，实现产品个性化设计的生产和制作已经并非难事。产品设计个性风格的多样化符合市场对产品多样化的要求。人们不仅需要丰富的物质产品，而且还需要与之相匹配的精神享受。人们需要自己的情感能得到尊重，个性能得到宣泄，这些都为设计师提出了新的课题、新的挑战。

图7-26 DIY萌玩偶娃娃

（三）产品创新个性化设计的表现形式

1. 个性化的探索——DIY 产品

DIY 是英文 Do It Yourself 的缩写，直译为“己为之”，扩展开的意思是自己动手做。DIY 原本是个动词短语，往往被当作形容词使用，意指“自助的”，后经网络化以“地狱”代替，如地狱蛋糕。在 DIY 的概念形成之后，也渐渐兴起一股与其相关的周边产业，越来越多的人开始思考如何让 DIY 融入生活。DIY 覆盖范围很广，从毛绒玩具、家居产品到涂鸦服装、涂鸦球鞋等（图7-26、图7-27）。

图7—27　DIY家具

2. 开放性设计——Design It Yourself

Do It Yourself基本上满足了人们自己动手做自己产品的要求，却不能根据自己的要求修改产品。设计师借鉴了DIY意义和方式，并将Do It Yourself提高到Design It Yourself的层次，提出了“开放性设计”的概念。所谓开放性设计就是指产品设计得非常灵活，给消费者预留出一定的空间，可以让他们发挥自己的创意，做出真正个性化的产品。开放性设计主要有三个方面：允许消费者自由选择和搭配；允许消费者再次设计产品；允许消费者创造性地使用产品。

（1）允许消费者自由选择和搭配

可以更换外壳的手机是我们比较熟悉的开放性设计的例子，也是最常见的例子。手机成为普及性消费品之后，除了功能之外，人们对于外观的要求也越来越高；尤其对女性，手机除了作为通信工具之外在某种程度上还是一种装饰品。商家及时抓住了消费者的这一心理趋势，推出了“彩壳随心换”的手机（图7-28）。手机是一种高科技的数码产品，从结构和制作工艺上来说，把外壳做成可以更换的是最容易实现的。而且外壳占据了手机视觉效果的很大一部分，个性化的效果非常明显。

图7—28　摩托罗拉“彩壳随心换”的手机

（2）允许消费者再次设计产品

如图7－29所示的涂鸦球鞋买回来的时候是没有图案的白色球鞋，预先留好了很大面积的白色，可以让消费者绘制自己想要的图案或者文字，可以采用纺织纤维颜料随心所欲地绘制自己喜欢的图案，只要你有足够的想法和创意，真正可以发挥你“无限的想象力”。

图7—29　涂鸦球鞋

（3）允许消费者创造性地使用产品

如图7－30所示的储物架中的隔板可以自由摆造型。我们可以对产品进行二次创意设计，使产品成为符合自身实用要求的个性化用品。如：牙刷架、毛巾架、便签夹、CD架等。我们仔细分析可以发现，设计者实际上是对产品的结构进行了拆解和重组，把储物架进行合理的分割，方便使用者安装，这就为用户的二次创意留出了更大的空间；隔板可以横排和竖排，自由度更大；使用者可以根据室内装修的具体情况发挥自己的想象力，给生活带来了无穷的乐趣。

图7—30　储物架

以上举的例子以日常小产品为主，因为这类产品的自由度比较大一些，成本也不会太高，厂家和消费者都比较容易尝试。除了手机的“彩壳随心换”可以让消费者在一定程度上自由选择和搭配之外，开放性设计在家电和电子产品中还有待继续探索。但毫无疑问，人们的个性化要求和发挥自己的创意的愿望已经越来越强烈，所以开放性设计有很大的研究价值和市场前景。

对于信息时代的产品设计，则要求设计师将这种无意识的创造变成一种有意识的创造，自觉追踪当代科技发展的最新动态，并适时将一些新发明、新成果运用到设计中，使设计成为当代科技、文化发展的表征物，传递出与时代相匹配的语义特征。

思考与练习

1. 简述信息时代的产品语义设计应注意哪些问题？
2. 简述信息交互与产品人机界面设计的关系？
3. 高技术性的特征是什么？
4. 请你谈谈情感化设计的方法？
5. 轻巧便携性的特征是什么？
6. 如何理解产品设计的个性化？

8 第八章　产品形态语义设计案例解析

本章的主要内容是对产品形态语义设计进行案例分析，本书精选了太极元素和回纹元素进行讲述，首先介绍它们的文化内涵和文化寓意，再探讨具体的设计方法，最后列举大量的案例来加深读者对产品形态语义设计的理解。

第一节　太极元素在产品形态设计中的应用

一、太极与太极图的文化内涵

（一）太极

“太极”的范畴在中国哲学史上有着十分重大的意义，《易·系辞传》一书中曾说道：“是故易有太极，是生两仪，两仪生四象，四象生八卦。八卦定吉凶，吉凶成大业。”这里的“太极”原本是指卦象的源头，是奇偶两画或大衍之数未分的状态。但在这个序列中，太极是两仪、四象、八卦的源头，八卦又是指称万事万物的，因此太极又可看成是万事万物的源头，后世正是在本体论意义上运用“太极”范畴的。

后世对“太极”有几种解释，例如汉代刘歆《三统历谱》说：“太极元气，函三为一。”唐代孔颖达《周易正义》说：“太极谓天地未分之间，元气混而为一。”太极是宇宙最初浑然一体的元气，是阴阳二气混合未分的状态。

（二）太极图

太极图是中国文化中特有的以“图像”的方式阐释阴阳哲理的图形，是探索宇宙社会人生变化发展规律的图式。千百年来，悠悠流传，博大精深。世传太极图的种类有很多，主要有北宋周敦颐的周氏太极图、明朝来知德的来氏太极图、古太极图（又名天地自然河图）、现代阴阳环互太极图（即阴阳鱼太极图）等，流传最广的太极图应当是以阴阳相互环抱交感的阴阳鱼图案（图8–1）。

阴阳鱼太极图外面一个正圆就是太极图，内分黑白两个逗号一样的（术语为阴阳鱼）叫做阴阳。“左右者，阴阳之道路也；水火者，阴阳之征兆也。”男为阳，女为阴；左为阳，右为阴（故而有“男左女右”之说也）；上为阳，下为阴；火为阳，水为阴；升为阳，降为阴；浮为阳，沉为阴……两个大逗号里面的黑白小圆点，叫做“阳中有阴，阴中有阳”。左、上、升、浮、白是属于阳性的，所以左边的一块代表“阳”，且呈白色、向上升浮；而右边的一块代表“阴”，为黑色，向下沉降，于是中间就形成了一个反“S”形。分为黑白二色，代表阴阳两方，天地两部；黑白两方的界限就是划分天地阴阳界的人部。白中黑点表示阳中有阴，黑中白点表示阴中有阳。这就是一个太极阴阳图（阴阳鱼互纠太极图）。“左升右降，左白右黑”。太极图是研究周易学原理的一张重要的图像。太有至的意思；极有极限之义，就是至于极限，无有相匹之意。既包括了至极之理，也包括了至大至小的时空极限，放之则弥六合，卷之退藏于心。可以大于任意量而不能超越圆周和空间，也可以小于任意量而不等于零或无，以上是太极二字的含义。

图8–1　阴阳鱼太极图

二、太极思想在产品形态语义设计中的表达

今天产品设计所强调的设计理念、设计风格正是古代哲人太极精神的另一种表述，是中华和合文化特质的传承。由太极图所表现出来的阴阳、动静、转化、呼应等丰富的辩证关系和哲学内涵及其美学特征，使其成为中国传统文化艺术中最具代表性的符号之一。太极图具有简练美、动态美、趣味美、吉祥美和意境美的特征。现代产品抓住太极简练、动态、变化的构形特征，追求趣味、吉祥、和谐等意境美感。

（一）和谐

社会生活需要和谐有序。人与自然应保持和谐相处，如果仅仅向自然索取便会破坏生态环境，也必然会受到自然的惩罚。水与火互相对立，但是在某种程度下它们也可以互相融合。太极图双鱼元素你中有我，我中有你，阴阳互补、和谐统一。如果美的最好境界是和谐，那么这种思维方式正迎合了现代设计强调的“人与自然和谐共处”的设计理念，即强调产品设计中的天人合一思想。天人合一的产品设计思想表现为与环境、人的协调统一。产品设计与人的和谐关系表现在以人为本、物我相融的设计理念。太极哲学既讲阴阳的相反，也讲相成相生，将产品、人、自然协调统一，融合为一个不可分割的有机整体，强调动态的平衡（图8–2、图8–3）。在产品设计领域，太极思想能够帮助设计师处理产品、人和自然之间的关系，即对立统一、和谐共生。设计是为了“大众化”的服务，特别是为设计和人类、人类活动和外部环境更加和谐互动。

图8－2　阴阳木梳

图8－3　太极座椅

（二）意境

意境是中国绘画、诗词歌赋等艺术文学追求的境界，它是中国传统艺术理论中的一个美学范畴，中国古典艺术普遍追求意境美的创造，以此为核心，形成民族化审美理想方式。艺术意境之美由多种审美特征构成，其中重要的一项就是虚实相生之美。意境的结构特征是虚实相生，本质特征是生命律动，即展示生命本身的美。太极图形体系中的单元形象构成情景交融、虚实相生，活跃着生命律动、韵味无穷的意境空间。虚与实、有与无这两对在创造意境中最为重要的元素，在太极图形中得到了很好的诠释，一黑一白、一虚一实、一阴一阳、一天一地。艺术设计所创造的意境，均采用虚实相间的手法表现，以留白造境，用恰到好处的留白处理来反映作品中的意境。现代产品设计十分强调产品的意境表达，设计师不仅创造一种新形式的产品，更重要的是用产品营造出一种主题意境，渲染气氛，展现生命律动之美，表达形外之意、弦外之音（图8－4、图8－5）。

图8—4　太极创意书架设计

图8—5　茶具设计

（三）吉祥

吉祥文化作为中国传统文化中的重要奇葩，从古至今一直备受人们的喜爱，表达了人们和平安宁、幸福美好和富贵昌盛的美好心愿。太极图的主要造型符号是圆，外形是一个正圆，内分的“S”形和鱼眼也都是不同形式圆或圆弧的组合。圆形在中国传统造物过程中形成了“统一、包容、完满、和谐”的意象，具有连绵不断、生生不息的象征和寓意，代表着圆圆满满的吉祥诉求。太极图的单元是鱼，鱼和余谐音，连年有余是人们几千年以来形成的美好愿望，代表着富足、丰满。而太极采用双鱼的方式，代表了好事成双的吉祥愿望（图8－6、图8－7）。

图8－6　『太极之爱』指环

图8—7　太极手表

（四）趣味

当前趣味产品越来越受到人们的推崇，其愉悦的感官体验可在一定程度下缓解现代人的压力，其发展符合现代人的感性消费理念。太极图为现代产品设计提供了既图又底的趣味设计思想。太极图的每一个单元体都是一条鱼的实形，同时又构成对方鱼形的底图，其既图又底的造型方式提高了图形的读图娱乐性。过于直白的造型陈述难以形成感官刺激，而隐晦、多解的造型语言更能激发人们观赏、阅读的兴趣，这可以使人们在解读的过程中达到一种自我认可和自我实现。此外，太极图由两个单元体（鱼）组合构成一个完整的图形形式。太极单元体的组合设计正是今天产品的模块化设计，其DIY的组形方式增添使用者使用产品时随性组合的乐趣。现代产品设计强调产品解读、交互的趣味性，即强调解读本身是一种娱乐的方式，是使用者思维参与的一个过程（图8－8、图8－9）。

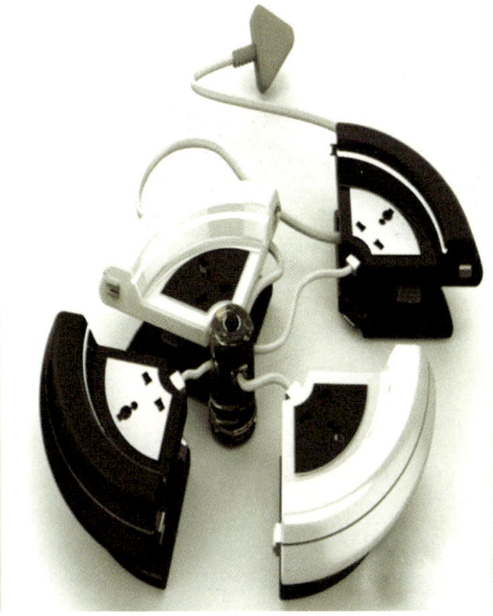

图8—8　太极插座

图8—9　太极座椅设计

太极文化体现了中华先人独特的宇宙观和人生观，展现了中华民族的文化意识、生命意识和审美意识，在产品设计中抓住中华几千年的积淀“太极”，为我国产品设计注入本民族的文化品格，才能形成与世界对话的一种中国设计印象（图8－10至图8－30）。

图8—10　太极元素手表1

图8—11　太极元素手表2

图8—12　太极元素手表3

图8—13　太极黑白碗图

图8—14　情侣杯

图8—15　太极造型的盘子

图8—16　太极造型的茶具

图8—17　太极造型咖啡具

图8—18　板桥酒瓶

图8—19　太极之乡酒瓶

图8—20　蓝牙无线音箱

图8－21　佰草集化妆品瓶

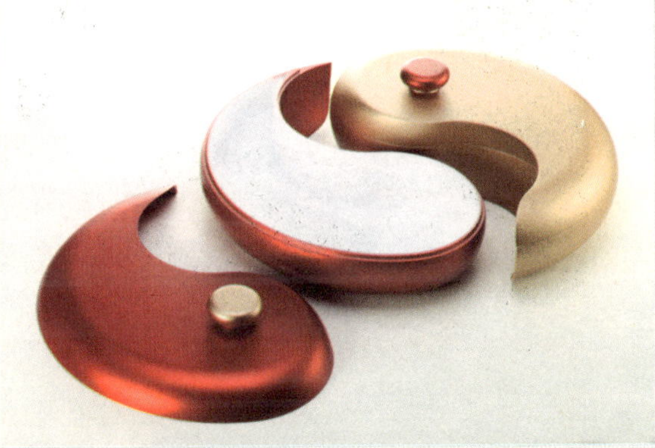

图8－22　太极造型化妆品包装

图8－23　闹钟

图8－24　太极首饰盒

图8－25　太极造型的博古架

图8－26　太极午休床

图8—27　黑白亮色木椅

图8—28　户外椅

图8—29　太极如意项链及吊坠

图8—30　太极元素水杯

第二节　元素在产品形态设计中的应用

一、回纹的概述

（一）回纹的概念

回纹是指以横竖折绕组成如同“回”字形的一种传统几何装饰纹样，因其构成形式回环反复，延绵不断，回纹在民间有“富贵不断头”的说法。根据其纹样的特性，人们赋予了回纹连绵不断、吉利永长的吉祥寓意。二方连续的回纹可以呈现出整齐划一的视觉效果，所以它常被用作间隔或锁边图案，而在织锦纹样中出现的回纹通常是以四方连续的形式来进行组合的，俗称“回回锦”。

（二）回纹的类型

中国历史上回纹主要有以下四种类型：方回单体型、减笔组合型、正反“∽”型、一笔连环型。

1. 方回单体型

方回单体型是回纹构成样式中最普遍也最常见的类型，更是回纹最具有代表性的构成形式。该类型的回纹呈方正形的单体，通过一个中心点由一根线条以干净利落的横竖转折向外延伸所形成，再将此独立单体进行间断式的二方连续或四方连续的排列，它是以线条的向外延伸营造出连续不断、循环往复的动态感，以单体的方形回纹反复连续营造出纹样的空间流动感。这种类型的回纹从马家窑文化开始出现，广泛地应用在商周青铜器与陶器上。至宋代，由于复古风气的影响，方回单体型回纹在宋代的瓷器和端砚上也常常出现。元代的瓷器则延续这一装饰风格（图8－31）。

图8—31　宋代回纹陶碗

2. 减笔组合型

减笔组合型回纹，顾名思义，是指减少回纹口字笔画后再重新组合的纹样。所以，减笔型回纹在整体构成方式上与方回单体型的不同，主要是体现在口字转折圈数上。

图8—32　回纹玉器

该类型的回纹减少回环状线条的转折圈数，使得纹样呈现的装饰风格从以前的密集、收缩变得规整、简约，纹样的整体感觉更加倾向于朴拙的自然美感。另外，减笔组合型回纹与方回单体型回纹在构成的单位上也有了很大的改变，比较这两种不同构成形式的纹样，可以清晰地看到回纹的构成形式开始由一个独立的单体变成了由两个单体组合成新的组合型单体，然后以此新单元再进行间隔式的二方连续。减笔组合型回纹大多出现在春秋战国时期的玉器上，汉代漆器上的回纹延续了这种整齐简洁的风格（图8－32）。

图8—33　清代回纹玉佩

3. 正反“ᔕ”型

回纹中正反“ᔕ”型构成，可以说是回纹纹样构成发展过程中最精彩的一笔，也是被运用得较为广泛的一种。正反“ᔕ”型回纹将减笔组合型单体之一的回字纹进行反向后便形成“ᔕ”型样式，把减笔组合型的构成方式向多样化进行了转变。可见，在减笔组合型基础上只是做一个“ᔕ”形结构的小小改变，却马上使得纹样的装饰风格从古朴、庄严的肃穆之感变成了流畅、活泼的灵动之感。“ᔕ”型回纹大多出现在明、清两代的玉器以及瓷器上（图8－33）。

图8—34　宋代瓷器上的回纹

4. 一笔连环型

一笔连环型回纹与上述三种类型回纹最大的不同点在于它是以不间断的线条一气呵成、回环往复而成的。一笔连环型回纹的线条更加规整严谨，线条的粗细整体划一。该类型的回纹构成形式是由一条齐整的线条进行反复的转折，使得由线条营造出的空间动态感更加灵动、流畅，使观者产生一种循环往复、连绵不绝的装饰感受（图8-34）。

二、回纹在产品形态语义设计中的表达

（一）研究回纹在产品形态语义设计中的表达意义

笔者从回形纹入手，是因为回纹在中国传统纹样发展中历史悠久，自成体系，具有强烈的民族风格和视觉冲击，形式变换多种多样。以产品符号学的角度，将传统回纹图案拆解重塑，多维化设计创新，突破传统纹样的局限性，希望可以将中国传统回形纹元素与现代造型相融合，传承中国传统文化的同时给产品设计注入新的生命。中国传统纹样回形纹作为中国最具代表性的传统纹样之一，不仅仅在中国，在全世界范围内都具有独特的符号魅力，成为当今社会中不可缺失的符号。越来越多的产品注重传统文化元素的融入，不仅是对中国传统文化的传承，更是一种对传统文化的提炼升华。

（二）“回纹”符号的文化内涵

符号是有着一定含义的，意义也总是以符号的形式去进行展现的。符号的主要作用就是在知觉符号和其意义之间建设联系，同时将这些联系展现在我们自身的思想里。其本质是主观意识形态和客观存在对象彼此的一个中介，表示一个实际的意义。回形纹可以说是我们国家比较传统一种吉祥图案，其主要表现了源远流长和生生不息以及九九归一的中华民族优秀文化精髓。设计者将符号所想要表达的信息主要通过产品去传递给使用者的，这也代表了产品被符号赐予了特别的含义。回纹有着“富贵不断头，子孙万代，连绵不断”这一吉祥寓意，不仅符合中国人的情感需求，而且能彰显民族特色，因此，在产品设计中深受广大设计师和消费者推崇。

（三）回纹在产品形态语义设计中的运用

如今，在许多产品造型设计中融入了回纹元素。回纹样式融入家具产品既满足了现代设计提倡的简洁、朴素之美，又有机融合了传统设计的装饰韵味，实现了吉祥寓意和时代精神完美的结合。例如在家具设计中巧妙地运用回纹图案，不但起到传承与发展传统文化的作用，而且为家具设计注入文化韵味和时代气息（图8－35)。在手机产品设计中，诺基亚曾经推出“绝色倾城”系列手机（图8－36、图8－37)。这一系列手机的设计亮点就是将手机正面的屏幕周围、键盘区域和背面的图案采用了回纹装饰，形成了强烈的视觉冲击力，赢得了消费者的认可。在首饰产品设计中，无论是考古挖掘发现的古代首饰，还是现代流行的多种饰品中，都离不开回纹的应用。例如1909年由卡地亚设计的这顶回形纹王冠（图8-38)，是加拿大的著名银行家、航运巨头和慈善家Montagu Allan赠予妻子Marguerite Allan夫人的礼物，而这位Marguerite夫人之所以会被人们记住，完全是由于她被命运“折磨”后表现出的慈善之心。

从某种程度上说，这一传统韵味正引领人们的审美观。在产品设计中，把传统回纹图案和现代流行材质相结合，形成了古韵和时尚的完美融合。纵观当今许多的经典设计，都离不开对传统元素的挖掘与应用。同时，回纹也在不断应用中得到持续的传承与创新（图8－39至图8－54)。

图8—35　回纹仿古家具

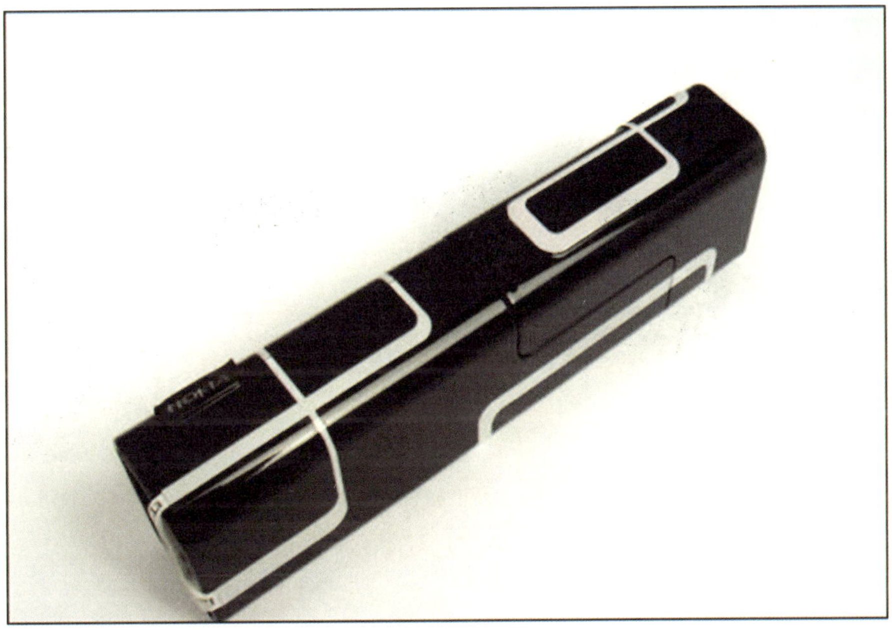

图8—36　诺基亚“绝色倾城”系列手机

图8—37　诺基亚“绝色倾城”系列手机

图8—38　Cartier希腊回纹王冠

图8—39　回纹座椅

图8—40　众泰T70星星

图8—41　回纹吊坠

图8—42　双回纹钛钢首饰

图8—43　手镯

图8—44　灯具

图8—45　范思哲腕表设计

图8—46　腰带

图8—47　范思哲香水瓶

图8—48　范思哲珠宝首饰

图8—49　范思哲手提包

图8—50　范思哲家具

图8—51　茶叶罐

图8—52　台灯

图8—53　回纹笔筒

图8—54　回纹装饰茶壶

中国传统文化博大精深、源远流长，具有厚德载物的宽容气质和与时俱进的创新精神。在现代设计中强调应用传统回纹元素，并不是一味地追求对古代的简单模仿，而是要善于挖掘有价值、经典的传统符号，融入现代生活之中，使现代设计在传承中不断创新，同时担负起民族文化传承的责任。

思考与练习

1. 简述太极的文化内涵？
2. 太极思想在产品形态语义设计中的表达方式有哪些？
3. 简述回纹的文化内涵和类型？
4. 利用回纹元素设计一款首饰？

参考文献

[1] 戴端，吴卫．产品形态语义设计与传达 [M]．北京：高等教育出版社，2010.

[2] 孙德明，刘亮，王瑶．产品形态设计 [M]．沈阳：辽宁美术出版社，2014.

[3] 王振伟．童车形态仿生设计探讨 [J]．中国包装工业，2013（10）．

[4] 张凌浩．产品的语意 [M]．北京：中国建筑工业出版社，2015.

[5] 李奠．工业设计的编码与解码 [J]．北方文学，2011（01）.

[6] 陈炬，张崟，梁跃荣．产品形态语意设计 [M]．北京：化学工业出版社，2014.

[7] 刘国余，沈杰．产品基础形态设计 [M]．北京：中国工业出版社，2009.

[8] 金涛，闫成新，孙峰．产品开发设计 [M]．北京：海洋出版社，2014.

[9] 曹建中，刘学．产品的语意特征分析 [J]．包装工程，2010（20）：52－54.

[10] 曹磊．产品语意在现代产品设计中延续与发展浅析 [J]．包装世界，2011（04）：102－103.

[11] 郭蔚．传统元素符号中的语意设计表现 [J]．艺术与设计（理论），2014（08）：90－92.

[12] 李志春．产品设计中文化符号的意象研究 [J]．包装工程（设计艺术优秀论文集），2010（S）：16－18.

[13] 刘杰，林建群．中国传统文化符号在当代产品设计中的应用策略 [J]．艺术与设计（理论版），2010（7）.

[14] 李乐山．产品符号学的设计思想 [J]．装饰，2002（04）.

[15] 曹建中．产品语意及表达 [M]．合肥：合肥工业大学出版社，2009.

[16] 尹建国．产品情感化设计的方法与趋势探析 [J]．湖南科技大学学报，2013（01）.

[17] 温柔．当代情感化产品设计研究综述 [J]．设计，2014（06）.

[18] 刘卓，张芳燕，郭伟．基于用户体验角度的老年人交互性产品设计研究［J］．包装工程，2015（01）．

[19] 陆蔚华，刘苏，朱如鹏．便携式输液器——人性化设计理念实践［J］．工程图学学报，2008（04）．

[20] 徐平，太极元素在现代产品设计中的传承［J］．包装工程，2010（07）．

[21] 雷琼，张仲凤．太极图形符号在家具设计中的创新设计研究［J］．包装工程，2016（11）．

[22] 杨艳石，阮向群．传统回纹纹样在现代产品设计中的运用［J］．包装工程，2013（11）．